普通高等教育本科土建类专业教材

城市总体规划
设计实践指导书

刘　冬　编著

北京理工大学出版社
BEIJING INSTITUTE OF TECHNOLOGY PRESS

内 容 简 介

本书是城乡规划专业城市总体规划课程实践教学环节的辅助指导教材，内容编写以明确专业实践及规划训练为主线，可为城乡规划及其相关专业提供综合的、系统的设计思维体系和专业基本实践的训练。

本书可作为高等院校城乡规划专业学生的教材，也可作为相关从业人员的参考用书。

图书在版编目（CIP）数据

城市总体规划设计实践指导书/刘冬编著 . —北京：北京理工大学出版社，2018.9
（2023.2 重印）

ISBN 978－7－5682－6403－7

Ⅰ.①城…　Ⅱ.①刘…　Ⅲ.①城市规划－建筑设计－高等学校－教学参考资料
Ⅳ.①TU984

中国版本图书馆 CIP 数据核字（2018）第 228832 号

出版发行 / 北京理工大学出版社有限责任公司
社　　址 / 北京市海淀区中关村南大街 5 号
邮　　编 / 100081
电　　话 / （010）68914775（总编室）
　　　　　（010）82562903（教材售后服务热线）
　　　　　（010）68944723（其他图书服务热线）
网　　址 / http：//www.bitpress.com.cn
经　　销 / 全国各地新华书店
印　　刷 / 北京紫瑞利印刷有限公司
开　　本 / 787 毫米×1092 毫米　1/16
印　　张 / 13.5
字　　数 / 327 千字
版　　次 / 2018 年 9 月第 1 版　2023 年 2 月第 2 次印刷
定　　价 / 39.00 元

责任编辑 / 陆世立
文案编辑 / 赵　轩
责任校对 / 黄拾三
责任印制 / 李志强

图书出现印装质量问题，请拨打售后服务热线，本社负责调换城市总体规划作为城乡规划专业的核心专业课之一，在城乡规划专业教学体系中处于整体集成和综合检验的地位。随着城乡规划等相关理论的发展与专业技能实践的多样化，各个学校的教学方法与教学重点也有很大差别。各个学校普遍重视城市总体规划课程与其他基础课的高度关联性，且将学生所学内容在城市总体规划教学中得到综合反映，为其专业的后续学习做好铺垫，由此，教材的选定成了教学要求是否达标的一个关键环节。

目前，国内各高校城乡规划相关专业普遍使用的实践教材是东南大学出版社出版的《城市总体规划设计课程指导》，该书虽立足于城乡规划专业课程设计教学的角度，较为全面、系统和综合地阐述城市总体规划编制的基本技能、方案构思技巧和设计规范的应用，但在设计实践的举证、实际项目的规划过程、方法和方案构思的引导等环节仍显薄弱和欠缺。同时，随着《城市用地分类与规划建设用地标准》（GB 50137—2011）的颁布与实施，该书中关于城市用地规划的内容已不符合国家新版规范的要求。因此，编者根据"知识—能力—人格"三位一体的人才培养目标，以及城乡规划专业在本科阶段立足于培养具有宽厚的基础知识、全面的专业技能、合理的知识结构的复合型专业人才的目标，编写了本书。本书旨在通过一系列专业、专项技能训练，使学生能够综合运用城乡规划原理和有关知识进行城市总体规划实践，熟练掌握城市总体规划编制的内容、方法和程序，基本具备城市总体规划工作中所需的调查分析、规划研究、设计表达及协调等能力，为学生后续专业的学习和深造打下坚实基础。

本书汲取了国内外各高校及设计团队关于城市总体规划的实践经验，破旧立新，明确在坚持继承和更新、理论和技术、设计和绘图三方面并重的基础上，重点突出更新、技术和设计，以塑造规划师职业素养为导向，以培养执业能力为重点，提升城市总体规划课程实践教学的水平。本书特点有以下四个方面：

一是该书集理论与实践训练为一体，追求实践理论体系的完整性，同时突出理论内容的实用性。本书旨在使学生能在课堂上"动"起来，突出学生的动手操作能力，在"动"中完成知识传授和实践设计训练。

二是该书体现以学生为主体，尊重个性，因材施教；强调"真题真做"，强化实践设计训练，力图给学生创造一个真实的城市总体规划环境与学习平台；注重素质与能力培养，逐步帮助学生建立正确的城市观，提高学生专业的认知能力、决策能力、表达能力和创造能力。

三是该书由"城市总体规划实践总论""城镇体系规划实践""中心城区规划实践""基础设施规划实践""分期规划实践"等五大版块十二章组成，由浅入深、由易到难进行编排，并形成城市总体规划实践教学的内容体系，虽各有侧重点，但以"分散难点、各个击破"来实现专业理论与实践训练的紧密结合。

四是该书以体现实践技能训练为目的，以必需、够用为度，以讲清概念、强化应用为重点。在实践教学中，开展体验性学习，激发学生的探究兴趣，提高学生分析问题、解决问题的能力，充分体现职业性、实践性的要求。

本书脱胎于教师在教学改革过程中形成的实践教学讲义，这些讲义在教学改革进程中不断得到补充、完善、更新，为本书的编写打下了坚实基础；同时，深入研究、分析了本书与前序专业课程的衔接，为后期本书的编写提供了明确的指导方向，在知识内容设计方面更加合理，实践性更加突出。

本书由刘冬编著而成，在编写过程中，选用了大量的国内外设计作品及文献资料，由于有些作者姓名或者地址不详，无法联系；并有较多作品来自设计书籍或网络资料，在编写、拍摄、扫描过程中有些疏漏，部分作品名称或作者没有一一罗列。在此向各位长者、老师深表歉意，并表示由衷的感谢。

本书从资料收集、整理到书稿编写，历时一年，因编写时间紧张、编者水平有限，书中的疏漏及不当之处在所难免。正因如此，本书的探讨也只能是抛砖引玉，希望能对同行有所启发。

编 者

目　录

第 1 章

总　　论

1.1　城市总体规划概述

1.1.1　城市总体规划的作用

城市总体规划是指城市人民政府依据国民经济和社会发展规划以及当地的自然环境、资源条件、历史情况、现状特点，统筹兼顾、综合部署，为确定城市的规模和发展方向，实现城市的经济和社会发展目标，合理利用城市土地，协调城市空间布局等所做的一定期限内的综合部署和具体安排。

城市总体规划涉及城市的政治、经济、文化和社会生活等各个领域，在指导城市有序发展、提高建设和管理水平等方面发挥着重要的先导和统筹作用。城市总体规划既是城市规划的重要组成部分，又是城市规划编制工作的重要阶段，也是城市建设和管理的依据。经法定程序批准的城市总体规划文件，是编制城市近期建设规划、详细规划、专项规划和实施城市规划行政管理的法定依据。各类涉及城市发展和建设的行业发展规划，都应符合城市总体规划的要求。

1.1.2　城市总体规划的任务

城市总体规划的主要任务是根据城市经济社会发展的需求和人口、资源情况及环境承载能力，合理确定城市的性质、规模；综合确定土地、水、能源等各类资源的使用标准和控制指标，节约和集约利用资源；划定禁止建设区、限制建设区和适宜建设区，统筹安排城市各类建设用地；合理配置城市各项基础设施和公共服务设施，完善城市功能；贯彻公交优先原则，提升城市综合交通服务水平；健全城市综合防灾体系，保证城市安全；保护自然生态环境和整体景观风貌，突出城市特色；保护历史文化资源，延续城市历史文脉；合理确定分阶段发展方向、目标、重点，促进城市健康有序发展。

总体规划期限一般为 20 年。近期建设规划一般为 5 年，近期建设规划是总体规划的组成部分，是实施总体规划的阶段性规划。城市总体规划一般分为城镇体系规划和中心城区规划两个层次。

1.1.3 城市总体规划的特点

城市总体规划的主要特点是具有战略性、权威性和纲领性。

（1）战略性体现其长远发展高度、区域空间视野、全局整体利益和环境适应程度。

（2）权威性体现在它是集体智慧的结晶，代表国家和人民的基本利益，代表政府的施政方针和政策框架，它包含一系列经济社会发展的总体目标和关键部署，具有很强的政策性，对经济社会发展、处理重大社会经济事项有很强的引导能力、协调能力以及感召力。

（3）纲领性体现在规划本身是纲要性文件，是政府行政的基本要求，是引导市场的信号，是调整经济社会发展与建设的行动指南。

1.1.4 城市总体规划的演变与变革

1. 城市总体规划的演变

我国的城市规划随着经济、社会的发展在大起大落中走过了半个世纪的历程，顾朝林（2010）总结了我国总体规划发展经历的四个阶段，见表1-1。

表1-1 我国城市总体规划发展阶段分析

阶段	时期	政策背景	规划特征	规划内容	重点解决问题	作用
第一轮	计划经济时期	重心由乡村转移到城市，消费城市变为生产城市	苏联模式——计划经济的产物，组织建筑和工程专业人员编制总体规划，将国民经济计划落实到生产、生活中	总体布局、专项规划（对外交通、城市道路、电力电信、给水排水、园林绿化与公共服务设施）和近期建设	大中型工业项目合理选址、城市功能分区、城市交通及基础设施建设与完善	指导城市生产、生活
第二轮	改革开放初期	社会主义现代化建设	强调规划对区域经济的参与，加强规划管理，在规划广度和深度方面都有所突破，体现经济、区域、综合和发展的观点	增加城市经济社会发展分析和城镇体系规划的内容；丰富专项规划内容，提出分区规划	城市性质、规模、发展方向和空间结构，城镇体系规划、基础设施、环境保护和旧城改造	指导城镇体系的发展和城市基础设施建设
第三轮	市场经济时期					
第四轮	适应经济全球化	2001年我国加入WTO，城市发展受全球影响显著	为了满足城市快速发展和大产业园区发展以及为项目配套基础设施和社会设施，寻找新的发展空间	拓宽了城市发展的全球视野，建设全球城市	城市与区域发展的经济全球化、大规模的基础设施建设、全球经济网络、第三产业发展	促进与全球城市体系连接，为世界工厂发展提供基础支撑

2. 城市总体规划的变革

长期以来，城市总体规划作为指导城市建设与发展的蓝图，在协调城市发展过程方方面面的利益和关系上起着至关重要的综合调控作用，其地位和意义是毋庸置疑的。每一轮的城市总体规划修编都是城市政府的重要事件，得到社会各界的广泛关注和支持。但在进入 21 世纪之后，城市总体规划的地位和作用面临着前所未有的挑战。传统的城市总体规划设计工作在很大程度上还是一种远景目标的设计工作，重结果而不重过程。城市总体规划与详细规划的衔接比较差。同时，城市发展过程的复杂性与多样性，使城市发展的不确定因素增加，在规划的实施过程中，由于多种因素的影响，往往造成城市的发展过程与规划目标产生比较大的偏差，只能不断地修改规划，使城市规划的严肃性和可实施性大大下降。城市总体规划修编面临诸多问题：城市总体规划实施效果不十分理想，涉及的内容过多、过杂，对城市的总体设计不足；城市总体规划公开性不够，市民参与程度低。

在经历了城市总体规划的种种失败之后，21 世纪以来国内出现了两种新的规划尝试：一种是地方主导的战略规划；另一种是国家主导的近期建设规划。它们预示着中国城市规划体系的改革正由围绕土地开发控制的微观层面向城市总体发展的宏观战略层面推进。总体规划向两端延伸，加强远景规划和近期建设（行动）规划成为目前改革的主要取向。这意味着传统总体规划的编制体系和方法变革方向：一方面，将淡化总体规划的远期目标，远期规划的确定性内容将大大弱化，在现行框架中特别强调城市性质、城市规模和发展方向等今后都将成为具有多重选择可能的概念；在远期规划这一层次上，吸收战略规划采用的动态分析和多方案比较方法，分析城市发展的多种可能性，并提供不同的城市发展策略。另一方面，要把规划工作的重点转移到近期建设规划上来，在对城市现状要解决的急迫问题和可以支配的资源进行充分研究的基础上，确定能够适应远期多种发展可能的近期建设目标与主要策略。换言之，在新的规划体系框架下，城市总体规划的远期目标应具有更多的弹性；而规划的强制性内容将主要落实到近期规划中，成为控制管理的刚性依据。城市近期建设规划上升为城市总体规划的核心内容，具有更高的法律地位和效力。

1.1.5　城市总体规划与其他相关规划的关系

1. 城市总体规划与国民经济和社会发展规划的关系

国民经济和社会发展规划是城市总体规划的依据，是编制和调整城市总体规划的指导性文件。城市总体规划依据国民经济和社会发展规划所确定的有关内容合理确定城市发展的规模、速度和内容，同时将国民经济和社会发展规划中对生产力布局和居民生活等框架安排落实到城市的土地资源配置和空间布局中，并通过城市规划的实施使国民经济和社会发展规划最终得以贯彻和实现。城市总体规划还要根据城市发展的长期性和连续性特点，对国民经济和社会发展规划尚无法涉及但会影响城市长期发展的有关内容，做出更长远的预测。

2. 城市总体规划与土地利用总体规划的关系

土地利用总体规划是依据国民经济和社会发展规划、国土整治和资源环境保护的要求、土地供给能力以及各项建设对土地的需求，对一定时期内一定行政区域范围的土地开发、利用和保护所制定的总体目标、计划和战略部署。城市总体规划、村庄和集镇规划，应当与土地利用总体规划相衔接，这些规划中建设用地规模不得超过土地利用总体规划确定的城市和村庄集镇建设用地规模。城市总体规划应建立耕地保护的观念，尤其是保护基本农田。

3. 城市总体规划与区域规划的关系

区域规划是在一定区域内对整个国民经济和社会发展进行的总体战略部署，是一项以国土开发利用和建设布局为中心的综合性、战略性和政策性的规划工作。区域规划是城市总体规划的重要依据。区域规划的建设布局方案和计划时序，通过城市总体规划和专业部门规划得以贯彻落实。城市总体规划在具体落实过程中也有可能对区域规划的原方案做某些必要的修订和补充。

4. 城市总体规划与城市生态规划、城市环境保护规划的关系

城市环境保护规划是城市总体规划的重要组成部分，属于城市专项规划范畴。城市生态规划不同于传统的城市环境保护规划只考虑城市环境各组成要素及其关系，也不仅仅局限于将生态学原理应用于城市环境保护规划中，而是致力于将生态学思想和原理渗透到城市规划的各个方面，并使城市规划"生态化"。同时，城市生态规划不仅关注城市的自然生态，也关注城市的社会生态。城市生态规划的基本构思是建立"大规划"的研究体系，与城市总体规划有着共同的努力方向。

5. 城市总体规划与主体功能区规划的关系

主体功能区规划是根据不同区域的资源环境承载能力、现有开发密度和发展潜力，统筹谋划未来人口分布、经济布局、国土利用和城镇化格局，将国土空间划分为优化开发、重点开发、限制开发和禁止开发四类，确定主体功能定位，明确开发方向，控制开发强度，规范开发秩序，完善开发政策，逐步形成人口、经济、资源环境相协调的空间开发格局。主体功能区规划和城市总体规划都是空间规划，主体功能区规划偏重区域空间策划，城市总体规划偏重区域空间布局，尤其在主体功能区划定的优化开发区、重点开发区与城市总体规划的发展目标和规划目标基本是一致的。在全国和省区层面下的主体功能区规划，划定优化开发区和重点开发区内的城市总体规划编制理论和方法应该符合《中华人民共和国城乡规划法》和《城市规划编制办法》规定的各类指标。

在主体功能区规划中划定的限制开发区内编制城市总体规划，涉及主体功能区规划是限制开发，而城市总体规划是总体发展，规划目标不一致。由于主体功能区的基本单元是县级行政区，因此涉及县级市、县城和乡镇总体规划在空间界限、发展方向、规划目标、功能定位、指标控制等方面的有效衔接问题。

6. 城市总体规划与城乡一体化规划的关系

城乡一体化是一个综合的社会、经济、空间过程，城乡一体化规划也很繁复庞杂，涉及诸多领域与部门，是一个由战略研究到实践的系统工程，是对城乡接合部具有一定内在关联的城乡交融地域上各种物质与精神要素进行的系统安排。其重点是在将城乡作为统一体进行综合的社会经济分析的基础上，对城乡发展的空间、生态环境做出具体的布局安排。它是冲破行政界限而因城乡内在的联系形成的模糊地域，将城市与乡村作为一个整体进行城乡一体化的规划研究，突破了以前以城镇为中心的规划（区域规划、城镇体系规划、城镇总体规划等）思维局限，体现了区域整体性的综合思想，是在综合考虑城乡关系基础上的空间整体协调发展规划，是规划观念与手段的重大革新。

1.2 城市总体规划的编制

1.2.1 城市总体规划的编制原则

编制城市总体规划，应当以全国城镇体系规划、省域城镇体系规划以及其他层次法定规划为依据，从区域经济社会发展的角度研究城市定位和发展战略，按照人口与产业、就业岗位的协调发展要求，控制人口规模、提高人口素质，按照有效配置公共资源、改善人居环境的要求，充分发挥中心城市的区域辐射和带动作用，合理确定城乡空间布局，促进区域经济社会全面、协调和可持续发展。其编制原则体现为以下五个方面：

1. 统筹城乡和区域发展

编制城市总体规划，必须贯彻工业反哺农业、城市支持农村的方针。要统筹规划城乡建设，增强城市辐射带动功能，提高对农村服务的水平，协调城乡基础设施、商品和要素市场、公共服务设施的建设，改善进城务工人员就业和创业环境，促进社会主义新农村建设。要加强城市与周边地区的经济社会联系，协调土地和资源利用、交通设施、重大项目建设、生态环境保护，推进区域范围内基础设施相互配套、协调衔接和共建共享。

2. 积极稳妥地推进城镇化

编制城市总体规划，要考虑国民经济和社会发展规划的要求，根据经济社会发展趋势、资源环境承载能力、人口变动等情况，合理确定城市规模和城市性质。大城市要把发展的重点放到城市结构调整、功能完善、质量提高和环境改善上来，加快中心城区功能的疏解，避免人口过度集中。中小城市要发挥比较优势，明确发展方向，提高发展质量，体现个性和特点。要正确把握好城镇化建设的节奏，循序渐进地稳步推进城镇化。

3. 加快建设节约型城市

编制城市总体规划，要根据建设节约型社会的要求，把节地、节水、节能、节材和资源综合利用落实到城市规划建设和管理的各个环节。要落实最严格的土地管理制度，严格保护耕地，特别是基本农田，严格控制城市建设用地增量，盘活土地存量，将城市建设用地的增加与农村建设用地的减少挂钩，优化配置土地资源。要以水的供给能力为基本出发点，考虑城市产业发展和建设规模，落实各项节水措施，加快推进中水回用，提高水的利用效率。要大力促进城市综合节能，重点推进高耗能企业节能降耗，改革城镇供热体制，合理安排城市景观照明，鼓励发展新能源和可再生能源。要加大城市污染防治力度，努力降低主要污染物排放总量，推进污水、垃圾处理设施建设，加强绿化建设，保护好自然生态，加快改善城市环境质量。要大力发展循环经济，积极推行清洁生产，加强资源综合利用。

4. 为人民群众生产生活提供方便

改善人居环境，建设宜居城市，是城市总体规划工作的重要目标。要优先满足普通居民基本住房需求，着力增加普通商品住房、经济适用住房和廉租房供应，为不同收入水平的城镇居民提供适宜的住房条件。要坚持公共交通优先，加强城市道路网和公共交通系统建设，在特大城市建设快速道路交通和大运量公共交通系统，着重解决交通拥堵问题。要突出加强城市各项社会事业建设，完善教育、科技、文化、卫生、体育和社会福利等公共设施，健全社区服务体系，提高人民群众的生活质量。要保护好历史文化名城、历史文化街区、文物保护单位等文化遗产，保护好地方文化和民俗风情，保护好城市风貌，体现民族和区域特色。

5. 统筹规划城市基础设施建设

编制城市总体规划，要统筹规划交通、能源、水利、通信、环保等市政公用设施；统筹规划城市地下空间资源开发利用；统筹规划城市防灾减灾和应急救援体系建设，建立健全突发公共事件应急处理机制。

1.2.2 城市总体规划的编制内容

1. 城市总体规划纲要

编制城市总体规划应先编制城市总体规划纲要，作为指导城市总体规划编制的重要依据。城市总体规划纲要的任务是研究城市总体规划中的重大问题，提出解决方案并进行论证。经过审查的纲要也是城市总体规划成果审批的依据。其编制的主要内容包括：

（1）提出市（县、镇）域城乡统筹发展战略；确定生态环境、土地和水资源、能源、自然和历史文化遗产保护等方面的综合目标和保护要求，提出空间管制原则；预测市（县、镇）域总人口及城镇化水平，确定各城镇人口规模、职能分工、空间布局方案和建设标准；原则上确定市（县、镇）域交通发展策略。

（2）确定城市规划区范围。

（3）分析城市职能，提出城市性质和发展目标。

（4）确定禁建区、限建区、适建区范围。

（5）预测城市人口规模。

（6）研究中心城区空间增长边界，确定建设用地规模和建设用地范围。

（7）提出交通发展战略及主要对外交通设施布局原则。

（8）提出重大基础设施和公共服务设施的发展目标。

（9）提出建立综合防灾体系的原则和建设方针。

2. 市（县、镇）域城镇体系规划

市（县、镇）域城镇体系规划作为城市总体规划的重要组成部分，其主要编制内容包括：

（1）提出市（县、镇）域城乡统筹的发展战略。其中，位于人口、经济、建设高度聚集的城镇密集地区的中心城市，应当根据需要，提出与相邻行政区域在空间发展布局、重大基础设施和公共服务设施建设、生态环境保护、城乡统筹发展等方面进行协调的建议。

（2）确定生态环境、土地和水资源、能源、自然和历史文化遗产等方面的保护与利用的综合目标和要求，提出空间管制原则和措施。

（3）预测市（县、镇）域总人口及城镇化水平，确定各城镇人口规模、职能分工、空间布局和建设标准。

（4）确定重点城镇的发展定位、用地规模和建设用地控制范围。

（5）确定市（县、镇）域交通发展策略；原则上确定市（县、镇）域交通、通信、能源、供水、排水、防洪、垃圾处理等重大基础设施、重要社会服务设施、危险品生产储存设施的布局。

（6）根据城市建设、发展和资源管理的需要划定城市规划区。城市规划区的范围应当位于城市的行政管辖范围内。

（7）提出实施规划的措施和有关建议。

3. 中心城区规划

中心城区规划作为城市总体规划的重要组成部分，其编制的主要内容包括：

（1）分析确定城市性质、职能和发展目标。

（2）预测城市人口规模。

（3）划定禁建区、限建区、适建区和已建区，并制定空间管制措施。

（4）安排建设用地、农业用地、生态用地和其他用地。

（5）研究中心城区空间增长边界，确定建设用地规模，划定建设用地范围。

（6）确定建设用地的空间布局，提出土地使用强度管制区划和相应的控制指标（建筑密度、建筑高度、容积率、人口容量等）。

（7）确定市级和区级中心的位置和规模，提出主要的公共服务设施布局。

（8）确定交通发展战略和城市公共交通的总体布局，落实公交优先政策，确定主要对外交通设施和主要道路交通设施布局。

（9）确定绿地系统的发展目标及总体布局，划定各种功能绿地的保护范围（绿线），划定河湖水面的保护范围（蓝线），确定岸线使用原则。

（10）确定历史文化保护及地方传统特色保护的内容和要求，划定历史文化街区、历史建筑保护范围（紫线），确定各级文物保护单位的范围；研究确定特色风貌保护重点区域及保护措施。

（11）研究住房需求，确定住房政策、建设标准和居住用地布局；重点确定经济适用房、普通商品住房等满足中低收入人群住房需求的居住用地布局及标准。

（12）确定电信、供水、排水、供电、燃气、供热、环卫发展目标及重大设施总体布局。

（13）确定生态环境保护与建设目标，提出污染控制与治理措施。

（14）确定综合防灾与公共安全保障体系，提出防洪、消防、人防、抗震、地质灾害防护等规划原则和建设方针。

（15）划定旧区范围，确定旧区有机更新的原则和方法，提出改善旧区生产、生活环境的标准和要求。

（16）提出地下空间开发利用的原则和建设方针。

（17）确定空间发展时序，提出规划实施步骤、措施和政策建议。

4. 近期建设规划

城市总体规划中的近期建设规划应当对城市近期的发展布局和主要建设项目做出安排，近期建设规划的期限原则上应当与城市国民经济和社会发展规划的年限一致（一般为5年），并不得违背城市总体规划的强制性内容。近期建设规划到期时应当依据城市总体规划组织编制新的近期建设规划。其内容包括：

（1）确定近期人口和建设用地规模，确定近期建设用地范围和布局，近期建设重点和建设时序。

（2）确定近期交通发展策略，主要对外交通设施和主要道路交通设施布局。

（3）确定各项基础设施、公共服务和公益设施的建设规模和选址。

（4）确定近期居住用地安排和布局。

（5）确定历史文化名城、历史文化街区、风景名胜区等的保护措施，城市河湖水系、绿化、环境等保护、整治和建设措施。

（6）确定控制和引导城市近期发展的原则和措施。

近期建设规划的成果应当包括规划文本、图纸，以及包括相应说明的附件。在规划文本中应当明确表达规划的强制性内容。

5. 强制性内容

城市总体规划的强制性内容包括：

（1）城市规划区范围。

（2）市（县、镇）域内应当控制开发的地域。包括基本农田保护区，风景名胜区，湿地、水源保护区等生态敏感区，地下矿产资源分布地区。

（3）城市建设用地。包括规划期限内城市建设用地的发展规模，土地使用强度管制区划和相应的控制指标（建设用地面积、容积率、人口容量等）、城市各类绿地的具体布局、城市地下空间开发布局。

（4）城市基础设施和公共服务设施。包括城市干道系统网络、城市轨道交通网络、交通枢纽布局，城市水源地及其保护区范围和其他重大市政基础设施，文化、教育、卫生、体育等方面主要公共服务设施的布局。

（5）城市历史文化保护。包括历史文化保护的具体控制指标和规定，历史文化街区、历史建筑、重要地下文物埋藏区的具体位置和界线。

（6）生态环境保护与建设目标，污染控制与治理措施。

（7）城市防灾工程。包括城市防洪标准、防洪堤走向、城市抗震与消防疏散通道、城市人防设施布局、地质灾害防护规定。

1.2.3 城市总体规划的编制程序

1. 现状调研

现状调研主要是通过现场踏勘、部门访谈、区域调研、资料收集及汇总、现状分析等步骤，从感性到理性认识城市的初始过程，主要包括下列内容（表1-2）。

（1）现场踏勘。城市总体规划的现场踏勘由市（县、镇）域和中心城区两部分组成。其中，市（县、镇）域调查重点为各个下辖县及市区所属的城关镇、重点镇及有特色的一般镇，了解这些城镇的规模、职能、特性、经济基础与产业结构、发展潜力、交通条件和资源区位优劣势等内容，并收集文字材料以便核对。现场踏勘着重观察城市发展的活力、城市特色和交通便利度等内容，并运用专业知识进行开放式的思考。在中心城区应对城市建成区，包括与建成区连成片的建设区域，以及周边村庄和城市可能发展的区域进行踏勘，核对并标注各类用地，对于图上没有更新的地块应按精度要求进行补测，保证总体规划的现状图上各要素的准确性与真实性。

（2）部门访谈。部门访谈是对与规划相关的各个部门的综合调研，了解各个部门所属行业的现状问题和工作计划，要求各部门提供与总体规划相关的专业规划成果并对城市总体规划提出部门意见，各项会议内容要进行分类整理。

（3）区域调研。区域调研包括两项内容：一是主观感受城市与区域之间的交流程度和相互影响程度，也可以通过一些经济流向或客货流向数据表示；二是考察周边城市与编制总体规划城市的共同点，便于从大区域把握城市定位。调研的内容包括与周边城市的交通条件、交通距离、客货流向等，还包括周边城市自身的城市结构、路网骨架、产业结构、经济基础、新区建设、旧城风貌等内容，寻找相似性和可借鉴的方面。

（4）资料收集及汇总。通过各种途径收集城市相关资料，对编制总体规划的城市进行初步了解，一般分两个阶段进行：一是进现场前广泛收集资料，形成初步印象；二是进现场后，在基本掌握地方情况的前提下，关注各方面的意见和公布的相关数据，以便对比分析。

项目参与人员资料收集和汇总是城市总体规划中一项烦琐但很关键的工作，资料内容的翔实、准确与及时直接影响城市总体规划的最终成果的可操作性和科学性。资料收集和汇总一般包括项目参与人员进行专业资料调查、收集文件与文献资料和座谈及访谈笔记汇总。

（5）现状分析。以分析图、统计表、定性分析、定量分析的形式撰写调研分析报告，评估城市问题，提出规划解决的重点，并尽可能与地方主管部门进行沟通，就分析结论交换意见。

表 1-2　城市总体规划基础资料一览表

资料类别	分类	内容
市（县、镇）域基础资料	市（县、镇）域地形图	—
	自然条件	包括气象、水文、地貌、地质、自然灾害、生态环境等
	资源条件	—
	主要产业及工矿企业	包括乡镇企业状况
	主要城镇	主要城镇分布、历史沿革、性质、人口和用地规模、经济发展水平
	区域基础设施状况	—
	主要风景名胜区等	主要风景名胜区、文物古迹、自然保护区的分布和开发利用条件
	"三废"污染状况	—
	土地开发利用情况	—
	国内生产总值、工农业总产值、国民收入和财政状况	—
	有关的经济社会发展规划等	有关的经济社会发展规划、发展战略、区域规划等方面的情况
城市基础资料	近期绘制的城市地形图	图纸比例为 1：5 000～1：25 000
	城市自然条件及历史资料	气象资料
		水文资料
		地质地震资料，包括地质质量的总体验证和重要地质灾害的评估
		城市历史资料，包括城市的历史沿革、城址变迁、市区扩展、历次城市规划的成果资料
	城市经济社会发展资料	经济发展资料，包括历年国内生产总值、财政收入、固定资产投资、产业结构及产值构成

资料类别	分类	内容
城市基础资料	城市经济社会发展资料	城市人口资料，包括现状户籍人口、暂住人口、常住人口及流动人口数量，人口的年龄构成，劳动构成，城市人口的自然增长情况等
		城市土地利用资料，包括城市规划发展用地范围内的土地利用现状、城市用地的综合评价
		工矿企业的现状及发展资料
		对外交通运输现状及发展资料
		各类仓库、货场现状及发展资料
		高等院校及中等专业学校现状及发展资料
		科研、信息机构现状及发展资料
		行政、社会团体、经济、金融等机构现状及发展资料
		体育、文化、卫生设施现状及发展资料
	城市建筑及公用设施资料	住宅建筑面积、建筑质量、居住水平、居住环境质量
		各项公共服务设施的规模、用地面积、建筑面积、建筑质量和分布状况
		市政、公用工程设施和管网资料，公共交通及客货运量、流向等
		园林、绿地、风景名胜、文物古迹、历史地段等方面的资料
		人防设施、各类防灾设施及其他地下构筑物等的资料
	城市环境及其他资料	环境监测成果资料
		"三废"排放的数量和危害情况，城市垃圾数量、分类及处理情况
		其他影响城市环境的有害因素（易燃、易爆、放射、噪声、恶臭、震动）的分布和危害情况
		地方病以及其他有害居民健康的环境资料
	其他需要收集的城市相邻地区的有关资料	—

2. 基础研究与方案构思

在现状分析的基础上展开深入的研究，进一步认识城市，并以科学的分析研究为基础，理性地构思规划方案。目前常用规划方案的比较方式有：一是依据城市不同的发展方向选择确定的多方案方式；二是依据城市不同发展速度确定的多方案方式；三是依据重点解决城市主要问题确定的多方案方式。实际规划工作中，面对十分复杂的城市条件，往往综合多种方式，选定多个规划方案，就城市发展方向、主要门槛、城市结构、开发成本、路网结构、经济发展模式等方面进行对比，为优选最终方案提供依据。

3. 总体规划纲要

城市总体规划纲要是对重大原则性问题进行专家论证和政府决策的关键程序，是在更高层面进行协调、论证的过程。其内容主要包括专题论证、方案比较、审查批复等方面。专题论证即对城市规划中的重要问题进行专题研究。

4. 成果要求与评审报批

（1）成果要求。城市总体规划的成果内容丰富，跨度大，专业性强。规划成果的编制不仅要求自身的周密、严谨和规范，并且要与地方城市建设进行充分协调，是一个从理论性规划走向实践性规划的过程，也是城市总体规划中十分关键的步骤。

（2）评审报批。城市总体规划的评审报批是规划内容法定化的重要程序，通常会伴随着反复的修改完善工作，直至正式批复。个别总体规划的制定周期过长时，编制单位还需要对报批成果的主要基础资料（现状数据等）进行更新。

1.2.4　城市总体规划的编制成果

1. 城市总体规划纲要

城市总体规划纲要的成果包括文字说明、图纸和专题研究报告。

（1）文字说明。

①简述城市自然、历史、现状特点。

②分析论证城市在区域发展中的地位和作用、经济和社会发展的目标、发展优势与制约因素，提出市（县、镇）域城乡统筹发展战略，确定城市规划区范围。

③确定生态环境、土地和水资源、能源、自然和历史文化保护等方面的综合目标和保护要求，提出空间管制原则。

④原则上确定市（县、镇）域总人口、城镇化水平及各城镇人口规模。

⑤原则上确定规划期内城市发展目标、城市性质，初步预测城市人口规模。

⑥初步确定禁建区、限建区、适建区范围，研究中心城区空间增长边界，确定城市用地发展方向，确定建设用地规模和建设用地范围。

⑦对城市能源、水源、交通、公共设施、基础设施、综合防灾、环境保护、重点建设等主要问题提出原则和规划意见。

（2）图纸。

①区域城镇关系示意图（1∶20 000～1∶100 000），标明相邻城镇位置、行政区划、重要交通设施、重要工矿和风景名胜区。

②市（县、镇）域城镇分布现状图（1∶50 000～1∶200 000），标明行政区划、城镇分布、城镇规模、交通网络、重要基础设施、主要风景旅游资源、主要矿藏资源。

③市（县、镇）域城镇体系规划方案图（1∶50 000～1∶200 000），标明行政区划、城镇分布、城镇规模、城镇等级、城镇职能分工、市（县、镇）域主要发展轴（带）和发展方向、城市规划区范围。

④市（县、镇）域空间管制示意图（1∶50 000～1∶200 000），标明风景名胜区、自然保护区、基本农田保护区、水源保护区、生态敏感区的范围，重要的自然和历史文化遗产位置和范围、市（县、镇）域功能空间区划。

⑤城市现状图（1∶5 000～1∶25 000），标明城市主要建设用地范围、主要干路以及重要的基础设施。

⑥城市总体规划方案图（1∶5 000～1∶25 000），初步标明中心城区空间增长边界和规划建设用地大致范围，标注各类主要建设用地、规划主要干路、河湖水面、重要的对外交通设施、重大基础设施。

⑦其他必要的分析图纸。

（3）专题研究报告。在纲要编制阶段应对城市重大问题进行研究，撰写专题研究报告，如人口规模预测专题、城市用地分析专题等。

2. 城市总体规划成果

城市总体规划成果由城市总体规划文本、城市总体规划图纸以及城市总体规划附件三部分组成。

（1）城市总体规划文本。城市总体规划文本是城市总体规划的法律、法规文件，对规划意图、目标和有关内容提出规划性要求，采用条文形式写成，应当明确表述规划的强制性内容，应运用法律语言，文字要规范、准确、肯定，操作性要强。

城市总体规划文本的主要内容如下（表1-3）：

①总则：规划背景、基本依据、规划原则、技术方法、修编重点、规划期限、城市规划区等。

②发展目标与发展战略：社会经济发展目标、城市规划基本对策。

③区域协调与城乡统筹：区域协调发展总体战略，城乡一体化发展总体思路和具体措施。

④市（县、镇）域城镇体系规划。

⑤城市性质与规模：功能定位、城市性质、人口规模与用地规模等。

⑥"四区划定"与"空间管制"：禁建区、限建区、适建区、已建区的划定原则，分区管制政策。

⑦空间结构与用地布局：确定人均用地指标和其他有关经济技术指标，注明现状建成区面积，确定规划建设用地范围和面积，列出用地平衡表。

⑧综合交通规划：对外交通系统规划、交通发展战略、道路系统、道路设施规划。

⑨绿地景观规划：绿地系统规划目标、结构，城市绿线划定与管理；水系规划，城市蓝线划定与规划；景观系统规划目标，城市风貌和特色（城市景观分区、高度分区与标志性地段，城市特色的继承与发展）。

⑩生态环境保护与可持续发展。

⑪市政基础设施规划：城市水源、电源、热源、气源、水厂、污水处理厂位置与规模、管网布置及管径，其他设施的布置，城市黄线划定与管理。

⑫城市防灾规划：城市防洪、抗震、消防、人防标准及设施布置。

⑬城市规划建设用地分等定级，土地出让原则与规划。

⑭历史文化名城保护规划。

⑮郊区规划。

⑯近期建设规划。

⑰远景规划。

⑱规划实施措施与机制。

表1-3　城市总体规划文本主要内容一览表

文本组成部分	描述内容
前言	规划编制的依据
城市规划基本对策	规划指导思想

文本组成部分	描述内容
市（县）域城镇发展	①城镇发展战略及总体目标；②预测城镇化发展水平；③城镇职能分工、发展规模等级、空间布局、重点发展城镇；④区域性交通设施、基础设施、环境保护、风景旅游区的总体布局；⑤有关城镇发展的技术政策
城市性质、规模、发展方向	①城市性质；②规划期限；③规划范围；④城市发展方针战略；⑤城市人口规模现状及发展规模
城市土地利用与空间布局	①人均用地等技术经济指标、现状建成区面积、规划建设用地范围及面积、用地平衡表；②各类用地布局、不同区位土地使用原则，地价等级划分，市、区级中心及重要公共服务设施布局；③重要地段高度控制、文物古迹、历史地段、风景名胜区保护、城市风貌特色；④旧区改建原则、用地调整及环境整治；⑤郊区乡镇企业、村镇居民点、农副产品基地布局、禁止建设控制区
环境保护	环境质量建议指标、环保措施
各项专业规划	详见表1-4
近期建设规划	3～5年近期建设规划（含基础设施、土地开发投放、住宅建设等）
规划设施措施	—

表1-4　城市各项专业规划主要内容一览表

规划名称	主要规划内容
道路交通规划	①对外交通；②城市客运与货运；③道路系统
给水工程规划	①用水标准、用水量；②水源选择等；③管网布局；④水源地保护
排水工程规划	①排水制度；②排水分区；③管网布局；④污水处理厂
供电工程规划	①用电指标、负荷；②电源选择；③输配电系统；④高压走廊
电信工程规划	①通信设施标准、规模；②邮电设施标准、网点布局；③通信线路布局；④通信设施布局及其通道保护
供热工程规划	①供热负荷、方式；②供热分区；③热力网系统；④集中供热
燃气工程规划	①燃气消耗水平、气源；②供气规模；③输配系统
园林绿化、文物古迹及风景名胜规划	①公共绿地指标；②市、区级公共绿地布局；③防护、生产绿地布局；④主要林荫道布局；⑤文物古迹、历史地段、风景名胜区保护
环境卫生设施规划	①环卫设施标准、布局；②垃圾收集处理；③公厕布局原则
环境保护规划	①环境质量目标、污染物排放标准；②污染防护、治理措施
防洪规划	①设防范围、等级，防洪标准；②泄洪量；③防洪设施；④防洪设施与道路交叉方式；⑤排涝防渍措施
地下空间开发利用及人防规划	（重点设防城市）

（2）城市总体规划图纸（表1-5）。

①市（县、镇）域城镇区位图，表示市（县）域城镇位置、主要交通线、城市规划区范围。

②市（县、镇）域城镇分布现状图（1：50 000～1：200 000），标明行政区划城镇分

布、交通网络、主要基础设施、主要风景旅游资源。

③市（县、镇）域城镇体系规划图（大中城市1∶10 000或1∶25 000，小城市1∶5 000），标明行政区划、城镇体系职能结构、城镇体系等级规模、城镇体系空间布局、交通网络及重要基础设施规划布局、主要文物古迹、风景名胜及旅游区布局。

④城市现状图（大中城市1∶10 000或1∶25 000，小城市1∶5 000），标明城市现状各类用地的范围（以大类为主，中类为辅）；城市主次干道，重要对外交通、市政公用设施的位置；商务中心区及市、区级中心的位置；需要保护的风景名胜、文物古迹、历史地段范围；经济技术开发区、高新技术开发区、出口加工区、保税区等的范围；园林绿化系统和河、湖水面；主要地名和主要街道名称；表现风向、风速、污染系数的风玫瑰图。

⑤城市用地工程地质评价图（比例同现状图），标明不同工程地质条件和地面坡度的范围、界线、参数；潜在地质灾害（滑坡、崩塌、溶洞、泥石流、地下采空、地面沉降及各种不良性特殊的基土等）空间分布、强度划分；活动性地下断裂带位置，地震烈度及灾害异常区；按防洪标准频率绘制的洪水淹没线；地下矿藏、地下文物埋藏范围；城市土地质量的综合评价，确定适宜性区划（包括适宜修建、不适宜修建和采取工程措施方能修建地区的范围）；提出土地的工程控制要求。

⑥空间管制图，禁建区、限建区、适建区、已建区的用地范围。

⑦城市总体规划图（比例同现状图），表现规划建设用地范围内的各项规划内容。包括居住用地规划图、公共服务设施规划图、绿地系统规划图、景观规划图等。

⑧郊区规划图（1∶25 000～1∶50 000），标明城市规划区范围、界线；村镇居民点、公共服务设施、乡镇企业等各项建设用地布局和控制范围；对外交通用地及需与城市隔离的市政公用设施（水源地、危险品库、火葬场、墓地、垃圾处理消纳地等）用地的布局和控制范围；农田、菜地、林地、园林、副食品基地和禁止建设的绿色空间的布局和控制范围。

⑨近期建设规划图。

⑩各项专业规划图，包括道路交通规划、给水工程规划、排水工程规划、电信工程规划、燃气工程规划、园林绿化及风景名胜规划、环境卫生设施规划、防洪规划。

表1-5　城市总体规划图纸主要内容一览表

图纸名称	表现内容	图纸比例
市（县）域城镇分布现状图	①行政区划；②城镇分布；③交通网络；④基础设施；⑤风景旅游资源等	1∶5 000～1∶200 000
城市现状图	①各类用地范围；②主次干道、对外交通、市政公用设施；③市、区级中心；④文物古迹等范围；⑤开发区等范围；⑥绿化系统、水面；⑦主要地名、街道名称；⑧风玫瑰图	1∶5 000～1∶25 000
城市用地工程地质评价图	①（新建城市、城市新发展地区）地面坡度；②潜在地质灾害；③活动断裂带、地震烈度；④洪水淹没线；⑤地下矿藏、埋藏文物；⑥用地综合评价	1∶5 000～1∶25 000
市（县）域城镇分布规划图	①行政区划；②城镇体系布局；③交通网络、重要基础设施布局；④主要文物古迹、风景名胜及旅游区布局	1∶50 000～1∶200 000
城市总体规划图	同城市现状图	1∶5 000～1∶25 000

续表

图纸名称	表现内容	图纸比例
郊区规划图	①城市规划区范围；②村镇居民点、公共服务设施、乡镇企业用地布局；③对外交通及需要与城市隔离的市政公用设施用地布局；④农、菜、林、园地，副食品基地以及禁止建设的绿色空间布局	1：25 000～1：50 000
近期建设规划图	①近期建设项目位置；②建设时序	1：5 000～1：25 000
各项专业图	①道路交通规划图；②给水工程规划图；③排水工程规划图；④供电工程规划图；⑤电信工程规划图；⑥供热工程规划图；⑦燃气工程规划图；⑧园林绿化、文物古迹及风景名胜规划图；⑨环境卫生设施规划图；⑩环境保护规划图；⑪防洪规划图；⑫开发利用及人防规划图	1：5 000～1：25 000

（3）城市总体规划附件。城市总体规划附件包括规划说明书、规划专题报告和基础资料汇编三部分。

①规划说明书是对规划文本的解释和补充，内容包括：

a. 城市基本情况、编制背景、规划依据、规划原则、指导思想、主要技术方法、区域社会经济发展背景分析、区域协调与城乡统筹。

b. 城镇体系规划：城市区位条件分析，市（县、镇）域人口发展计算方法与结果，城市化水平预测与依据，城镇体系布局规划。

c. 城市发展目标、性质与规模。

d. 城市总体布局：城市用地发展方向分析，城市布局结构，对外交通规划、工业和仓储用地规划、道路交通规划、居住和公共设施用地规划、绿化景观规划、城市保护规划、土地分等定级、郊区规划。

e. 专项工程规划：给水排水规划、电力电信规划、供热燃气规划、抗震防震规划、消防规划、环境保护规划、环卫规划。

f. “四区划定”与“空间管制”：禁建区、限建区、适建区、已建区划定原则，分区管制规划。

g. 近期建设规划。

h. 远景规划。

i. 规划实施措施。

②规划专题报告是根据需要，对大中城市交通、环境等制约发展的重大问题及历史名城保护等进行专题研究所形成的报告。

③基础资料汇编是将城市总体规划基础资料整理完善后，汇编成册，以作为城市总体规划的依据之一。

1.3　城市总体规划的审批

根据《中华人民共和国城乡规划法》第14、15条的规定，城市人民政府组织编制城市总体规划，并实行分级审批。城市总体规划重点审查内容见表1-6。

表1-6　城市总体规划重点审查内容一览表

项目	内容
性质	城市性质是否明确；是否经过充分论证；是否科学、实际；是否符合国家对该城市职能的要求；是否与全国、省域城镇体系规划相一致
发展目标	城市发展目标是否明确；是否从当地实际出发；是否有利于促进经济的繁荣和社会的全面进步；是否有利于可持续发展；是否符合国家国民经济和社会发展规划并与国家产业政策相协调
规模	人口规模的确定是否充分考虑了当地经济发展水平，以及自然资源和环境条件的制约因素；是否经过科学测算并经专题论证 用地规模的确定是否坚持了国家节约和合理利用土地及空间资源的原则；是否符合国家严格控制大城市规模、合理发展中小城市的方针；是否符合国家《城市用地分类与规划建设用地标准》；是否在一定行政区域内做到耕地总量的平衡
空间布局和功能分区	城市空间布局是否合理、功能分区是否明确；是否有利于提高环境质量、生活质量和景观艺术水平；是否有利于保护文化遗产、城市传统风貌、地方特色和自然景观
交通	城市交通规划的发展目标是否明确；体系和布局是否合理；是否符合管理现代化的需要；城市对外交通系统的布局是否与城市交通系统及城市长远发展相协调
基础设施建设和环境保护	城市基础设施的发展目标是否明确并相互协调；是否合理配置并正确处理好远期与近期建设的关系。城市环境保护规划目标是否明确；是否符合国家的环境保护政策、法规及标准；是否利于城市及周围地区环境的综合保护
协调发展	总体规划编制是否做到统筹兼顾、综合部署；是否与国土规划、区域规划、江河流域规划、土地利用总体规划以及国防建设相协调
实施	总体规划实施的政策措施和技术规定是否明确；是否具有可操作性
要求	是否达到了《城市规划编制办法》规定的基本要求
审查	国务院要求的其他审查事项

1.3.1　国务院审批的城市

下列四类城市的总体规划由国务院审批，分别是：

（1）直辖市。

（2）省会城市和自治区人民政府所在地城市。

（3）城市人口在100万以上的城市。

（4）国务院指定的其他城市。国务院指定的城市包括4个特区城市以及人口在50万以上的城市和其他特别指定的城市（表1-7）。

表1-7　国务院审批城市总体规划名单

省份	数量/个	国务院原审批总体规划的城市	新增城市
北京	1	北京	—
天津	1	天津	—
重庆	1	重庆	—

省份	数量/个	国务院原审批总体规划的城市*	新增城市
上海	1	上海	—
河北	6	石家庄、唐山、邯郸、张家口、保定	秦皇岛
山西	2	太原、大同	—
内蒙古	1	呼和浩特	—
辽宁	10	沈阳、大连、鞍山、抚顺、本溪、阜新、锦州、丹东、辽阳	盘锦
吉林	2	长春、吉林	—
黑龙江	8	哈尔滨、齐齐哈尔、大庆、伊春、鸡西、牡丹江、鹤岗、佳木斯	—
江苏	9	南京、徐州、无锡、苏州、常州	南通、扬州、镇江、泰州
浙江	6	杭州、宁波	温州、台州、嘉兴、绍兴
安徽	4	合肥、淮南、淮北	马鞍山
福建	2	福州、厦门	—
江西	1	南昌	—
山东	11	济南、青岛、淄博、烟台、枣庄、潍坊、泰安、临沂	东营、威海、德州
河南	8	郑州、洛阳、平顶山、新乡、开封、焦作、安阳	南阳
湖北	4	武汉、襄阳、荆州、黄石	—
陕西	1	西安	—
甘肃	1	兰州	—
湖南	4	长沙、衡阳、株洲、湘潭	—
广东	10	广州、深圳、汕头、湛江、珠海	东莞、佛山、江门、惠州、中山
广西	3	南宁、柳州、桂林	—
其他	8	海口、银川、西宁、乌鲁木齐、拉萨、昆明、贵阳、成都	—
合计	105	86	20

1.3.2　省、自治区、直辖市人民政府审批的城市

城市总体规划由省、自治区、直辖市人民政府审批的城市如下：

（1）除上述规定以外的设市城市。

（2）县政府所在地镇（其中市管辖的县级人民政府所在地镇的总体规划报市政府审批）。

1.3.3　县级人民政府审批的城市

上述规定以外的其他建制镇的总体规划，报县级人民政府审批。

城市人民政府和县级人民政府在向上级人民政府报请审批城市总体规划前，须经同级人民代表大会或者其常务委员会审查同意。城市总体规划文件和图件经批准后即成为城市建设和管理的依据，必须严格执行，任何组织和个人不得擅自改变。在规划实施过程中如认为确需修改时，必须提交该城市人民代表大会或其常务委员会审议后，报经批准机关同意。

第2章

区位分析

2.1 背景认知

"区位"一词源于德语"standort","stand"为站立场所、立脚地、站立之意,"ort"为位置、点、场所之意。区位理论是人类选择行为场所的理论,其意思就是以"最小的成本"获得"最大的利润"。区位活动是人类活动的最基本行为,只有在最佳场所活动,才能取得最佳效果。人类活动需要一定场所,没有场所,人类则无法生存,区位活动应是与日常生活结合在一起的空间活动的一部分,从理论上讲,人类活动应选择最佳区位,但事实上人类活动选择的不一定就在最佳区位。区位理论是为人类寻求合理生产布局而创建的理论,其研究人文现象或人类行为的区位,侧重研究经济区位。区位理论不仅在地图上描绘各类经济社会实体的位置,还必须进行充分的解释和说明,探讨其形成条件与技术的合理性等。

2.1.1 概念释义

首先,区位主体更多的是经济活动的实体或单位,包括城市、区域、企业、家庭及个人。在分析这些经济地理事物的位置时,人们常使用区位的概念。有关区位概念的应用大多是在与经济活动相关的领域。因此,在大部分情况下,区位一般指经济地理事物的区位,即经济区位。

其次,区位是指地理事物的相对空间位置。一般所说的地理事物位置可以是相对位置,也可以是绝对位置。例如,表述某一城市的位置时,可以从城市所处地点的经纬度、海拔高度等绝对空间位置来表述,也可以从其国家或区域交通网络中的位置和网络关系,或在区域城镇体系空间中与其他城镇的相对空间距离,亦或在经济空间格局中与各种发展要素分布的相对空间位置等方面来表述。在区位分析和研究中,经纬度、海拔高度等绝对的地理空间位置意义不大,各经济地理事物间的相对位置才是区位分析和研究所关注的重点。

最后,区位概念的核心是经济地理事物间的空间关系。这里的空间关系是指各经济地理事物间以经济地理空间为背景的相互联系和相互作用的关系。区位是一种相对的存在，这种相对性体现在各区位主体的空间经济关系上。在一定区域范围内的经济地理事物的空间联系或相互作用一般表现为相互之间人流、物流、资金流、信息流等不同性质经济要素的流向、规模、强弱及其影响。这种空间关系的强弱不仅取决于各经济地理实体的性质、规模，也与各实体间的经济空间位置直接相关，因为区位决定着各实体间要素流动的空间成本，并直接影响区位实体与其他经济实体相互联系、相互作用的机会和过程。

综上所述，区位的概念可概括为：区位是指经济地理事物在社会经济空间中的相对位置，这一位置的意义取决于它与其他经济社会实体及其活动的空间关系。

2.1.2　概念辨析

在我国目前有关城镇和企业发展的区位分析和研究中，对区位条件的内涵和范畴的界定是比较模糊的。在一些理论研究文献有关区位条件影响因素的分析中，以及对某城市、企业或建设项目的区位条件分析文本中，对区位的理解有些是狭义的，也有些是广义的。狭义的区位条件分析只涉及与区位主体相关的交通位置和交通条件；广义的解释则是将与区位主体相关的区域自然地理环境和社会经济环境及条件均看成区位条件，这实际上就是将某一区位所在的"区域条件"当成区位条件来理解。我们认为，对区位条件的理解既不能仅将其限于交通条件的范畴，那样就混淆了区位条件和交通条件的概念；也不能将所有的区域因素都看成区位条件，那样就混淆了"区位条件"与"区域条件"两个不同的概念。

根据之前的分析，区位是指经济地理事物在社会经济空间中的相对位置，这一位置的意义取决于它与其他经济社会实体及其活动的空间关系；特定的区位能使区位主体的行动获得额外的区位利益。而这种利益源于特定区位能带来空间交易成本的节约。因此我们认为，区位条件就是在相对经济空间距离的约束下影响区位主体行为及其经济利益的空间因素，其核心是区位主体与其他经济实体及其经济要素的相对距离关系，因为这种相对距离关系显著影响经济实体及其活动空间交易成本，也在很大程度上决定了区位主体及其活动空间在经济组合中的地位和作用。

区域条件，是指某一区域内对经济主体及其活动产生影响的所有条件和环境因素，它包括经济主体所在区域的自然、经济、文化、政治、社会等各种环境条件。

区域条件与区位条件都是相对于某一经济主体而言的，都是影响经济主体活动及其效益的外部条件。但两者又有明显的区别，从包含因素上来说，区域条件比区位条件更广泛。区域条件包括自然地理、自然资源禀赋、生态环境等自然条件以及人口与劳动力、经济发展水平、基础设施状况、产业结构、市场发展、社会文化背景、制度与政策等区域内一切影响主体发展的人文社会经济因素；而区位条件仅涵盖能用空间距离约束的相对位置关系表达的因素。从分析所涉及的空间范围来说，区域条件仅涉及主体所在的区域范围；而区位条件分析的对象则不受区域范围限制，只要是对区位主体产生明显影响的因素，不论其远近均需考察分析。从分析内容的性质来看，区域条件涉及的对象既可以是诸如人口、城镇、企业、资源、基础设施等经济实体性对象，也可以是非实体性的文化、历史、政策、社会环境等对象；而区位条件一般主要涉及实体性的对象及其活动的空间场所。区域条件涉及的内容是从区域空间范围界定的，区位条件涉及的内容是以空间距离约束的位置界定的。

2.1.3 影响因素

农业工业生产活动，城市的形成和发展必须有一个确定的空间位置，也离不开与其他事物的联系，这种联系可以分为两大类：一是与自然环境的联系；二是与社会经济环境的联系。因此，生产活动和城市的形成与发展实际上是综合了自然和社会经济两大要素的结果。要分析生产活动和城市的形成与发展的规律，就要从作用于生产活动和城市的自然和社会经济要素着手，深入分析其各要素与所要分析的地理事物的联系，再抓住主要方面重点进行分析。

如图 2-1 所示，区位分析的要素主要有三个方面：①位置要素；②自然区位要素；③社会经济区位要素。

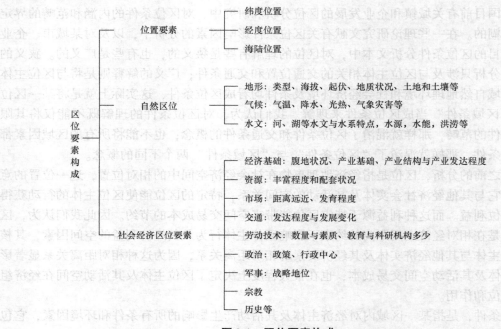

图 2-1　区位要素构成

2.2　设计实践

2.2.1 基本思路

1. 区位分析的思维模型

因城市所处的区域条件与外界要素的组合关系千变万化，因此，难以概括出若干分析的固定套路。在进行区位分析时，重点把握城市的空间位置，从自然因素、空间联系、社会经济因素、环境因素等方面具体分析，抓住主导因素重点分析其对城市发展的影响（图 2-2）。

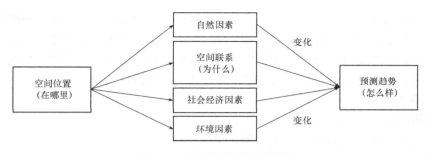

图 2-2　区位分析的思维模型

2. 区位分析的内容

把城市作为一个点，放到大的区域背景中，分析点、线、面之间的关系，从而找准城市在区域发展中的定位。

（1）点的位置。即城市的地理位置分析。从宏观、中观、微观不同尺度对城市所在的地理位置进行分析，评估城市所在区域的职能、发展趋势等，明确它在上一级区域中的相对位置。

城市的地理位置是城市与其外部的自然、经济、政治等客观事物在空间上相结合的结果。有利的结合即有利的城市地理位置。

城市的地理位置是城市存在和发展的最直观的现象，也是城市总体规划研究最早的起点。城市的地理位置是绝对个性化的，城市地理位置的特殊性，往往决定了城市职能性质和规模的特殊性。

根据客观属性的不同，城市的地理位置可分为自然地理位置、经济地理位置、政治地理位置和交通地理位置，有利的城市地理位置是城市产生与发展的必要条件。例如，矿业城市必定邻近较大的矿体，工商贸易港口城市必定邻近江河湖海，而工商贸易港口城市的大小往往又直接取决于城市腹地的大小、状况、特征及城市与腹地间的通达性。

城市规划不能就城市论城市，也不能就区域论区域。要把城市—区域当作一个点，放到一个大系统的更高层次去分析。从宏观、中观、微观三个方面考察城市所在的地理位置，即分析城市的大、中、小地理位置，这是从不同空间尺度来考察城市的地理位置。大位置是城市与较远事物的相对关系，是从小比例尺地图上进行分析的。而小位置是城市所在城址与附近事物的相对关系，是从大比例尺地图上进行分析的。有时还可以从大小位置之间分出一种中位置。要注重分析城市形成和发展的区位条件，一般而言，城市形成多与自然条件相关，如气候优越，地形平坦，水运、水源便利，矿产丰富等。而城市发展多与经济因素有关，如交通发展、经济开发。

（2）点与点的关系。即分析城市与周边大中城市之间的联系，包括城市之间的交通联系，主要经济联系方向等。

（3）点与线的关系。即分析城市在交通沿线某些特定点上的位置，如交通停歇点和中继点、交通转换点、交通阻碍点和控制点；分析城市与各种线性要素（如河流、交通线等）之间的关系。

（4）点与面的关系。每个城市都不是孤立存在的，它和其所在区域的关系是点和面的关系，是相互联系、相互制约的辩证关系。每个城市都有与之规模相对应的吸引范围，同时一定地区范围内也必然有与其相应的区域中心。城市与其所在区域的关系，根据城市与其腹地之间的相对位置关系来分析，如城市的中心、重心位置和边缘、门户位置。如果城市位于某一区域的中央，那么城市与它以外各个方向的联系距离都比较短，既便于四面八方的交通线向中心汇聚，也促进从中心向外围开辟新的交通线，从而促进城市的发展。

3. 区位分析的要点

区位分析的要点如下：

（1）交代其位置，包括绝对位置和相对位置。

（2）分析自然区位、社会经济区位。

（3）抓住重点，避免面面俱到。

在进行区位分析时，应注意以下几点：

（1）不要忽视对城市自然地理位置的关注，并赋予它经济意义。

（2）对外交通运输是城市与外部联系的主要手段，是实现社会劳动地域分工的重要通道，因此，城市地理位置的核心是城市交通地理位置。

（3）交通地理条件很好的区位城市也可能没有得到理想的发展。这说明交通位置尽管重要，却并非全部，还要重视城市所在地域或城市直接腹地的经济发展过程和经济特征的分析。

（4）城市地理位置不是一成不变的，要用历史的、发展的观点来加以分析。

2.2.2 主要方法

1. 综合分析

全方位把握区位因素，从多角度、多层面分析影响城市发展的区位因素。从整体上认识各种区位条件，全面分析。与自然地理因素相比，人文地理现象更加复杂多变，空间差异更大，地域性更强，综合性表现得更明显。因此，在进行城市发展区位分析时，既要分析自然因素，又要分析人文因素，还要在人地关系的层次上加以综合。

2. 主导因素分析

在区位分析与评价时要厘清各区位因素间的主次关系，找出起主导作用的因素，抓住主要矛盾或矛盾的主要方面做重点分析。

3. 辩证分析

既要把握区位优势，又要认识劣势。区域优势和劣势都是相对而言的，对任何一个地区而言，其区位条件既有优势，又有劣势。只有充分认识区域的优势与不足，才能因地制宜，扬长避短。

4. 发展分析

影响区位的因素是发展变化的，要从动态的角度及可持续发展的角度进行客观分析。自然因素、社会因素、经济因素和环境因素都处在不断地变化之中，因此，只有用发展的眼光来看待各种因素，才能真正认识区位选择中的优势条件。在区位分析中，要全面准确掌握区域发展的有关规划资料，调查掌握区域内和周边地区规划期内大型基本建设项目和主要城市发展规划情况，分析其对城市发展可能带来的影响。

5. 双层次模式分析

参考地理学学科分类体系，有学者提出了区位分析双层次模式（图2-3）。该模式将所需分析的地理区位划分为两个层次：一级地理区位和二级地理区位。两者属总分关系，其中与区域发展联系最紧密的是后者。通过对二级地理区位的细致分析，能迅速抓住区域地理区位的整体特征及其优劣势所在。因此，对前者的评价取决于对后者的评价，应把区域地理区位研究的重点放在对二级地理区位的具体分析评价上。

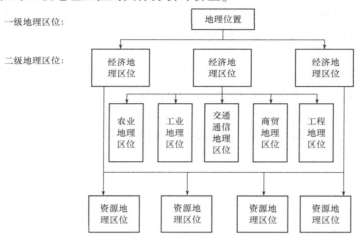

图 2-3 区位分析双层次模式

2.2.3 图纸绘制

区位分析图的绘制也是建立在点、线、面分析基础之上的，即以区域地形图和行政区图为工具，借助图的认知方法，在地图上确定一些重要的地理界线，找出其邻近的地理事物，说明其空间联系。

1. 城市区位

城市区位是分析项目所处的城市在地球上的位置，即诠释点与面之间的关系。通过对城市地域的研究可以确定所在城市的位置、所属地区、人文环境、气候条件、城市规模和与城市之间的距离等信息。城市区位分析大到国际、国家级小到省、市、区级，可根据项目的区域影响大小进行分析，对于旅游类、文化类、交通类项目的帮助比较大。除了城市的地理区位外，我们常常会分析城市或地块的区位规划，从规划系统的不同层面来分析，为指导设计提供强有力的规划依据。

2. 基地位置

基地周边情况分析，一般常见的有使用现状全景照片分析周边建筑、道路、功能和公共空间的关系，另外有使用基地红线、控制线等，分析基地所处的重要地理、交通、经济、旅游资源等区位。

3. 城市肌理

城市肌理是对真实城市提取的一种抽象二维的指标，一种能表达城市面特征的数据。跳出设计的层级来考虑问题，如果做一个单体，就放眼整个基地，如果做一个街区，就放眼整个城市。时间让这个世界的一切不断变化，肌理不断产生，又在不断消失与重生。设计有时候不只是设计一个单体，往往要设计一个区域，乃至整个城市。如果设计的区域路网和城市路网不够统一，或者没有良好的衔接，就可以从肌理图上看出来。从肌理图上还能看出建筑密度、公共空间的分布、自然景观系统等。有色肌理可明确地指出哪里是河渠、哪里是绿地。

4. 可达性（交通）分析

分析城市的街道路网，基地的出入口、交通的灵活性和便捷性，以及城市交通的交叉口、平行道口和立体交通乃至铁路、航线等。

5. 区位优势与限制

分析区域独特的资源与优势，以及不利条件等，也称为 SWOT 分析。其分别从优势、劣势、机遇和挑战四个方面来分析基地的发展的可能性和潜在的问题。

6. 区位景观环境

分析噪声环境、公园绿地系统、地标设施、视线等。

第 3 章

城镇体系规划

3.1 城镇体系规划概述

3.1.1 概念释义

城镇体系是在一定地域范围内，以中心城市为核心，由一系列不同规模、不同职能、相互联系的城镇所组成的有机整体，它是社会经济发展的一种现象。城镇体系研究是认识区域城镇发展特点的重要手段和方法，区域城镇体系是与其社会经济发展背景相适应的。

城镇体系规划是政府行为，是国家或一定区域政府引导和协调区域城镇合理发展与布局规划的活动。考虑到城乡发展的连续性，称其为区域城乡空间发展与布局规划将更为准确。

就政府行为而言，区域规划的本质特征是多个发展上相互影响密切的行政单元通过制定共同的协调发展目标、发展政策和发展公约，实现协调发展的过程。从组织形式上讲，这种协调可以是由上而下的，也可以是由下而上的，但本质特征都是协调的。

由于体制的影响，长期以来政府的投资成为区域开发资本的主要来源，因此规划比较注重如何计划所确定的建设项目，对发展所包含的其他更广泛内容的研究不充分，对协调的重要性认识不足。

不同类型城镇体系比较见表 3-1。

表 3-1　不同类型城镇体系比较

中心型城镇体系	网络型城镇体系
中心形态	节点形态
（经济发展）依赖规模	不依赖（局部）城市规模
（城镇体系）有主从关系	有弹性与互补性
生产、服务单一	生产、服务多元
纵向联系	横向联系

续表

中心型城镇体系	网络型城镇体系
（经济的）单向辐射	（经济的）双向辐射
交通成本为城市发展要素	信息占主导作用
空间上四处无序发展	空间有导向发展

3.1.2 城镇体系规划的任务、特点、层次

1. 任务

城镇体系规划要为政府引导区域城镇发展提供宏观调控的依据和手段，它的主要任务是主导城乡空间结构调整，指导区域性基础设施配置，引导生产要素流动、集聚。

（1）以区域为整体，统筹考虑城镇与乡村的协调发展，明确城镇的职能分工，确定区域城镇发展战略，调控和引导区域内城镇的合理布局和大、中、小城市的协调发展。

（2）在维护公平竞争的前提下，协调区域开发活动的空间布局和时序，限制不符合区域整体利益和长远利益的开发活动，保护资源，保护环境，促进城乡区域协调发展。

（3）保障社会公益性项目的建设，促进经济社会的协调发展。统筹安排区域基础设施，避免重复建设，实现区域基础设施共享和有效利用。

（4）确定引导城镇体系完善与发展的各项政策和措施。

2. 特点

城镇体系规划强调以区域为整体，兼顾城乡，强调立足于本级政府的事权。它是从区域层面上对相互影响密切的若干行政单元之间的城镇发展与布局的协调。

3. 层次

城镇体系规划一般分为全国城镇体系规划、省域城镇体系规划、市域（包括直辖市、市和有中心城市依托的地区、自治州、盟域）城镇体系规划、县域（包括县、自治县、旗域）城镇体系规划四个基本层次。

其中，全国城镇体系规划和省域城镇体系规划是独立的规划。市域、县域城镇体系规划可以与相应地域中心城市的总体规划一并编制，也可以独立编制。

城镇体系规划区域范围一般按行政区域确定。根据国家和地方发展的需要，可以编制跨行政区域的城镇体系规划。跨行政区域的城镇体系规划是相应地域城镇体系规划的深化规划。

3.1.3 城镇体系规划的内容

1994年，建设部颁布的《城镇体系规划编制审批办法》规定城镇体系规划一般包括以下内容：

（1）综合评价区域与城市的发展和开发建设条件。

（2）预测区域人口增长，确定城市化目标。

（3）确定本区域的城市发展战略，可划分城市经济区。

（4）提出城镇体系的功能结构和城镇分工。

（5）确定城镇体系的等级和规模结构。

（6）确定城镇体系的空间布局。

（7）统筹安排区域基础设施和社会设施。

（8）确定保护区域生态环境、自然和人文景观以及历史文化遗产的原则和措施。

（9）确定各时期重点发展的城镇，提出近期重点发展城镇的规划建议。

（10）提出实施规划的对策和措施。

其重点是制定城市化和城市发展战略，包括确定城市化方针和目标，确定城市化发展和布局战略；协调和部署影响省域城市化与城市发展的全局性和整体性事项，包括确定不同地区、不同类型城市发展的原则性要求，统筹区域性基础设施和社会设施的空间布局和开发时序，确定需要重点调控的地区；按照规划提出的城市化与城镇发展战略和整体部署，充分利用产业政策、税收和金融政策、土地开发政策等手段，制定相应的调控措施，引导人口有序流动，促进经济活动和建设活动健康、合理、有序发展（表3-2）。

表 3-2　城镇发展潜力综合评价指标体系

第一层次指标	参考权重	第二层次指标	参考权重
A1 城镇建成区规模	20	B1 常住总人口	8
		B2 户籍非农业人口（总量、比重）	6
		B3 其他常住人口（总量、比重）	3
		B4 建成区面积（总量、人均）	3
A2 经济发展水平	18	B5 地区生产总值（总量、人均）	7
		B6 工业总产值（总量、人均）	7
		B7 财政收入（总量、人均）	4
A3 商贸发展水平	9	B8 社会商品零售额（总量、人均）	5
		B9 集贸市场成交额（总量、人均）	4
A4 生活水平	6	B10 城镇居民人均可支配收入（总量、人均）	4
		B11 城乡居民储蓄余额（总量、人均）	2
A5 建成区基础设施水平	9	B12 建筑总面积（总量、人均）	3
		B13 道路铺装面积（总量、人均）	2
		B14 自来水普及率	2
		B15 电话普及率	2
A6 区域交通条件	12	—	—
A7 地理区位	6		
A8 科教文卫事业发展水平	6		
A9 水土资源条件	7		
A10 矿产旅游资源条件	7		

为适应建立社会主义市场经济体制、转变政府职能的需要，城镇体系规划还应补充和加强以下内容：

（1）确定区域开发管制区划。从引导和控制区域开发建设活动的目的出发，依据区域城镇发展战略，综合考虑空间资源保护、生态环境保护和可持续发展的要求，确定规划中应优先发展和鼓励发展的地区，需要严格保护和控制开发的地区，以及有条件的许可开发的地区，并分别提出开发的标准和控制措施，作为政府进行管理的依据。

（2）确定区域城镇发展用地规模的控制目标。依据区域城镇发展战略参照相关专业规划，对区域城镇发展用地的总规模和空间分布的总趋势提出控制目标，并结合区域开发管制区划，根据各地区的土地资源条件和区域经济社会发展的总体部署，确定不同地区、不同类型城镇用地控制的指标和相应的引导措施。

（3）确定乡村地区非农产业布局和居民点建设的原则。包括确定重点中心镇的布局，提出农村居民点和乡镇企业建设与发展的空间布局原则，明确各级、各类城镇与周围乡村地区基础设施统筹规划和协调建设的基本要求。

新时期城镇体系规划与传统时期城镇体系规划的内容、要点比较见表3-3。

表3-3　新时期城镇体系规划与传统时期城镇体系规划内容、要点比较

新时期城镇体系规划		传统时期城镇体系规划	
内容	要点	内容	要点
城市化战略	从体制、政策、宏观经济、资源环境、国际背景等全方位、多角度揭示城市化机制和作用，提出城市化主导原则，制定城市化目标，确定城市化和城市现代化水平	城市化战略	预测总人口、城镇人口增长和城镇人口比重
城镇组织体系	确定城镇发展空间和重点的综合发展空间，提出其对应的空间结构和组织结构 规划中心城市体系和各类、各级城镇应发展的现代功能，提出其对应的功能结构和组织结构 确定中心镇、一般镇发展和布局的原则、标准和中心镇设置方案 确定主要城镇的规划人口指导规模，提出对应的规模结构和组织结构 确定城镇建设用地总规模	城镇组织体系	提出城镇地域空间结构，规划城镇布局；提出城镇职能类型结构，确定主要城镇性质和产业发展方向；提出城镇登记结构，确定主要城镇人口规模
城镇体系支撑系统	在协调主要基础设施的空间布局、建设时序、建设标准方面矛盾的基础上，有针对性提出各项专业规划的调整方案，实现共建、共享 提出社会服务设施规划建设原则、标准和共建、共享对策 编制生态建设和环境保护规划	基础设施、社会服务设施	分别提出交通、水利、电信、文卫科教等发展、布局规划
		环境环保	编制环境环保规划
空间管治协调	提出城镇空间的开发建设管治协调对策 提出重点空间的开发建设管治协调对策	无	无
城镇体系组织机制	提出城镇发展的政策与管理体制创新建议 提出建立城镇体系协调机制的方案	实施规划政策措施	提出实施城镇体系规划的一系列政策、措施

3.1.4　城镇体系规划的程序

以省域城镇体系为例，省域城镇体系规划的程序如图3-1所示。

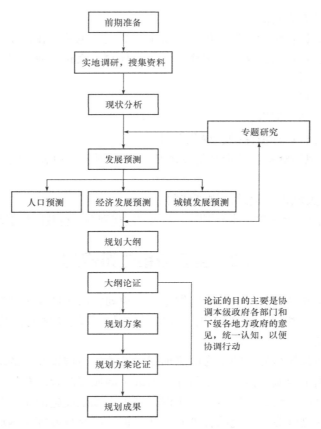

图 3-1　城镇体系规划程序示意图

3.1.5　城镇体系规划的成果

1. 规划文本和附件

规划文本是对规划的目标、原则、内容提出规定性和指导性要求并具有法律效力的文件。附件是对规划文本的具体解释，包括规划说明书、专题研究报告、基础资料汇编。

2. 图纸

图纸包括规划区域发展条件的评价图、位置图、城镇体系现状图及规划图、重点地区城镇发展规划示意图、各专项规划图（交通、供水、排水、供电、电信、绿地系统、生态系统、防灾等）。

图纸比例：全国 1∶250 万，省域 1∶100 万 ~ 1∶50 万，市域（直辖市、地级市）1∶50万 ~ 1∶10 万，重点地区城镇发展规划示意 1∶5 万 ~ 1∶1 万。

3.1.6　城镇体系规划的基础资料

（1）自然条件资料：工程地质与水文地质、地貌、气象、水文、矿产、历史、区划沿革资料。

（2）人口和劳动力资料：包括外来人口资料。

（3）社会经济发展资料。

（4）基础设施资料：包括交通、供水、供电、燃气、电信、排污工程等资料。

（5）社会服务设施资料：文教、卫生、科技、体育、文化、商业设施资料。

（6）土地资源资料。

（7）自然灾害资料。

（8）水资源及水利工程资料。

（9）生态环境资料：环境保护、绿化资料。

（10）各种相关规划资料：社会经济发展战略及规划、土地利用规划、环境规划、交通规划等资料。

（11）区域内有关城市、镇总体规划资料。

（12）有关地形图、上一轮总体规划图、土地利用规划图、行政区划图及其他有关图纸资料。

3.2　全国城镇体系规划

全国城镇体系规划是国家层面的城镇发展布局规划，居于城乡规划编制体系中的最高层面。根据《中华人民共和国城乡规划法》的规定，国务院城乡规划行政主管部门应当组织编制全国城镇体系规划。

制定全国城镇体系规划的目的是为国家加强对城镇化与城镇发展的综合调控提供依法行政的依据。国家根据全国城镇体系规划引导和推进全国城镇的合理布局和协调发展，从而促进人口空间转移和经济活动的有序运行；协调区域重大基础设施的布局和建设，实施对重要地区发展的调控，促进资源、环境的合理利用和保护，以充分发挥全国城镇对国家经济发展和社会进步的载体作用，实现可持续发展。国家依据全国城镇体系规划审批省域城镇体系规划和重点城市总体规划，对重要地区的发展实施调控。

3.2.1　全国城镇体系规划的组成

全国城镇体系规划由战略层面的全国城镇体系规划纲要和操作层面的重点区域及专项规划组成。

全国城镇体系规划纲要是国家在一定时期内引导城镇化与城镇发展的总原则、总目标和总部署，是战略性的规划，以引导性的内容为主。重点区域及专项规划是在全国城镇体系规划纲要的指导下，针对特定问题或在某些特定问题的特定区域所进行的规划。

为了规范全国城镇体系规划的制定和实施过程，保障规划实施的效率和效益，还应制定实施办法，规定执行程序和控制标准。

3.2.2　全国城镇体系规划的内容、范围

1. 全国城镇体系规划纲要

全国城镇体系规划的主要内容如下：

（1）根据国家经济社会与城镇化发展战略和规划，确定一定时期国家城镇化空间发展战略；针对不同地区城镇化和城镇发展条件及实际，制定城镇化空间发展政策。

（2）根据城镇化和城镇发展战略确定全国城镇发展的结构和布局，提出城镇空间组织

和布局的原则，确定大、中、小城市和小城镇协调发展的职能和等级结构，提出对不同地区和各类城镇地域空间组织形式的引导和协调要求，明确重点发展的地区和城镇。

（3）提出重大基础设施和城镇协调发展的意见，统筹安排具有全国和区域影响的基础设施、社会服务设施的布局和建设。

（4）确定城镇发展与资源、环境的协调原则，根据不同地域空间的性质和发展目标，分别提出对城镇开发建设的鼓励、引导和控制性意见。划定需要严格保护和限制开发的地区，明确生态、环境和土地、水资源利用和保护的要求。

（5）确定需由国家重点指导和协调的重要事项和地区，提出相应的协调、引导和控制要求。

（6）提出保证规划实施的政策和措施，确定规划强制性内容。

2. 重点区域及专项规划

重点区域及专项规划是在全国城镇体系规划纲要指导下，针对重点区域和特定区域、特定问题而编制的规划，是对于纲要的深化和具体化。重点区域及专项规划的编制范围由国家城乡规划行政主管部门根据纲要提出的原则和实际需要确定。其中包括跨省区的城镇密集区的城镇布局和发展、重要的生态敏感地区保护、重要的区域基础设施布局和建设、需要国家实行倾斜政策和重点扶持地区的发展等。

重点区域及专项规划要依据全国城镇体系规划纲要进行编制。其他层面的专项规划（如水利设施规划）要与全国城镇体系规划相协调。

3.2.3　全国城镇体系规划编制和实施的综合保障体系

全国城镇体系规划编制和实施具有高度的综合性，要建立和逐步完善综合保障体系。

1. 组织保障

全国城镇体系规划编制实施的组织主体是国务院，由国家城乡规划行政主管部门承担编制的具体组织工作，规划编制和实施要有国务院相关部门的参与和协同配合。要加强国家和省级政府相关部门、相关地区的协调，建立相应的协调机构，完善协调机制，强化规划编制和实施的组织保障。

2. 法制保障

法制保障体系由基本法律（城乡规划法），相关法律法规（环境保护法等）和技术标准规范等构成。要进一步强化对法律法规的遵守，明确各层面规划的主要内容、深度和规划编制、审批的程序及要求，明确各有关方面对于规划编制和实施的责任和权力，完善和严格制定区域资源使用和开发建筑活动的控制标准，严格依法行政，依法办事，为规划实施提供有力的法制保障。

3. 体制政策保障

从一定意义上讲，全国城镇体系规划提供了国家引导和调控经济、社会和城镇化发展的空间目标。国家要综合运用财政、金融、投资、税收、货币政策等宏观调控工具，改进相关体制，优化有关政策，从而加强对城镇化和城镇发展的调控，以保证规划目标的有效实现。

4. 技术保障

规划的编制和实施是影响因素复杂、涉及面广泛、政策性极强的"巨系统"。要调动和整合有关技术力量，综合运用相关学科、专业知识，加强对规划相关问题特别是重大的、全局性问题的研究，深化对基于我国国情和发展条件的城镇化和城镇发展运行规律的认识，以增强规划编制的针对性和实施的有效性。

3.3 跨行政区域城镇体系规划

我国城镇体系规划大多按行政区域编制，但根据国家和地方发展需要，也编制某些跨行政区域的城镇体系规划，如珠江三角洲城市群规划、长江三角洲城市群规划等。为了协调城镇发展和区域性基础设施建设，城镇密集地区迫切需要开展跨行政区域城镇体系规划，即城市群规划。

3.3.1 城市群规划产生的背景

城市群是在特定的地域范围内具有相当数量的不同性质、类型和等级规模的城市，依托一定的自然环境条件，以一个或两个超大或特大城市作为地区经济的核心，借助现代化的交通工具和综合运输网的通达性，以及高度发达的信息网络，形成与发展城市个体之间的内在联系，共同构成一个相对完整的城市"集合体"。

现代城市的形成和发展是生产力逐步集聚和高度集中的结果，也是人类社会进步的充分体现，城市不是孤立、封闭的，它与周边的区域和许多城市（镇）有着密切的社会经济联系，区域内各个城市的发展过程是一个极为复杂的社会经济现象，它们的集聚、扩散都依赖区域的基础和各种物质条件，包括地理区位、自然条件、经济条件、历史基础和基础设施建设等，当生产力达到一定水平时，区域内各个城市之间的联系不断密切，分工协作逐步合理，并依托交通网络逐渐形成一个相互制约、相互依存的统一体。尤其是20世纪80年代以来，随着工业化在全球范围的延伸、后工业化经济组织关系的巨大变革，城市发展的区域化和区域发展的城市化日益增强。区域内各个城市通过产业的协作分工、生产要素的自由流动和基础设施的高度联系，形成更具竞争力的城市群。

我国自改革开放以来，城市化的加速发展极大地推进了以强大的集聚效应和辐射力为特点的中心城市发展战略，随着区域工业化、现代化以及区域性基础设施建设的完善，我国已经出现了若干个规模大小不同的城市群，其中比较成熟的有长江三角洲（沪宁杭地区）、珠江三角洲地区、辽宁中南部地区、环渤海京津唐地区和四川盆地地区等。城市群日益成为区域内社会经济发展的先导和区域竞争力的集中体现，其经济发展速度和城市化进程在区域中起到支柱作用，并成为我国社会经济发展的重要载体，在城市群内部，各个城市及其区域的发展构成了互相依存和互相联结的网络，城市群内的各种要素流越来越复杂，但与此同时，城市群的发展也面临着一系列社会和环境问题，如资源短缺、交通拥挤、环境污染、行政管理协调难度大等，给区域的持续发展带来了不稳定因素（表3-4）。

表3-4 我国五大城市群区域重要变化分析

集聚区	1953 年		1980 年		2004 年	
	城市数	首位城市人口/万人	城市数	首位城市人口/万人	城市数	首位城市人口/万人
沪宁杭	9	上海 563	12	上海 608.6	42	上海 1 024.99
京津唐	3	北京 206	6	北京 466.5	10	北京 789.43

续表

集聚区	1953 年		1980 年		2004 年	
	城市数	首位城市人口/万人	城市数	首位城市人口/万人	城市数	首位城市人口/万人
珠江三角洲	3	广州 130	6	广州 233.8 香港 480.5	36	广州 586.35 香港 780.60
辽宁中南部	4	沈阳 120	14	沈阳 280	17	沈阳 480.50 大连 245.20
四川盆地	7	成都 95	16	成都 101 重庆 261.5	33	成都 281.40 重庆 441.46

为了引导我国城市群区域向着现代化、市场化完善协调发展，在我国沿海许多重要地区，如广东珠江三角洲和山东半岛城市群，以"五个统筹"为指导（统筹城乡发展、统筹区域发展、统筹经济社会发展、统筹人与自然和谐发展、统筹国内发展与对外开放），开展了一种战略性、前瞻性的体现区域空间布局的城市群规划，以探求建立区域协调发展的新机制，构建区域的人与自然、人与社会经济的和谐发展。

3.3.2　城市群规划的主要内容

城市群规划是在区域层面的总体发展战略性部署与调控，以协调城市空间发展为重点，以城市群体空间管制为主要调控手段，强调局部与整体的协调，兼顾眼前利益与长远利益，处理好人口适度增长、社会经济发展、资源合理开发利用与配置和保护生态环境之间的关系，以增强区域综合竞争力。当前的城市群规划反映出全球经济一体化和信息化对区域发展的影响和要求，体现了区域经济社会发展对区域与城市、城市之间以及城市内部空间优化整合的要求，也反映出城市化和现代化发展的要求。开展城市群规划的目的是实现城市群区域经济社会发展的地域均衡，减少人口与产业过度集中在核心城市而带来的社会和生态的负面影响，保持城市群区域经济社会的持续健康发展和发展水平的整体提升。

由于我国的城市群规划实践尚处于起步阶段，各个城市群地区都在根据各区域的发展特点进行相应的规划编制探索，还没有形成统一的规范性规划编制要求，有不少专家认同城市群规划是一种战略性的空间规划，具有宏观性、综合性、协调性和空间性的特点。它的主要目的是提供关于城市和空间发展战略的框架，旨在打破行政界限的束缚，从更大的空间范围协调城市之间和城乡之间的发展，协调城乡建设与人口分布、资源开发、环境整治和基础设施建设布局的关系，使区域经济整合后具有更强大的竞争力。其内容应以城市群经济社会的整体发展策略、区域空间发展模式以及交通等基础设施布局方案为重点。城市群规划的主要内容可包括：①城市群经济社会整体发展策略；②核心城市群空间组织；③产业发展与就业；④基础设施建设；⑤土地利用与区域空间管制；⑥生态建设与环境保护；⑦区域协调措施与政策建议等。规划的重点可以城市群内各城市（地区）需共同解决的问题为主，如城市群的快速交通体系建设、严格控制城市群内城市发展的无序蔓延、加强区域生态环境保护等。

也有研究者提出城市群规划应包括研究城市群形成演化的动力机制，确定城市群的功能定位和产业发展方向,并进一步明确城市(镇)间的网络联系;基于区域空间资源保护、生态环境保护和可持续发展的城市群空间规划,在更高的空间层次上构建城市网络的空间组织,构建跨行政区的区域性协调发展机制、城市群支撑体系规划、城市群区域管治以及营造良好的区域发展政策环境和制度环境等内容。

3.3.3 案例实践

案例:长江三角洲城市群发展规划(2016—2020 年)

1. 规划背景

长江三角洲城市群(以下简称长三角城市群)是我国经济最具活力、开放程度最高、创新能力最强、吸纳外来人口最多的区域之一,是"一带一路"与长江经济带的重要交汇地带,在国家现代化建设大局和全方位开放格局中具有举足轻重的战略地位。为优化、提升长三角城市群,参与更高层次的国际合作和竞争,进一步发挥对全国经济社会发展的重要支撑和引领作用,依据《国家新型城镇化规划(2014—2020 年)》《长江经济带发展规划纲要》《全国主体功能区规划》《全国海洋主体功能区规划》,特制定该规划,作为长三角城市群一体化发展的指导性、约束性文件。

长三角城市群正处于转型提升、创新发展的关键阶段,必须立足现有基础,针对突出矛盾和问题,紧紧抓住重大机遇,妥善应对风险挑战,实现更大跨越,成为我国经济社会发展的战略支撑。优化提升长三角城市群,是加快形成国际竞争新优势的必由之路,是促进区域协调发展的重要途径,是提高城镇化质量的重要举措。

长三角城市群在上海市、江苏省、浙江省、安徽省范围内,由以上海为核心、联系紧密的多个城市组成。这些城市主要分布于国家"两横三纵"城市化格局的优化开发和重点开发区域。规划范围包括上海市,江苏省的南京、无锡、常州、苏州、南通、盐城、扬州、镇江、泰州,浙江省的杭州、宁波、嘉兴、湖州、绍兴、金华、舟山、台州,安徽省的合肥、芜湖、马鞍山、铜陵、安庆、滁州、池州、宣城等 26 市,国土面积 21.17 万平方千米,2014 年地区生产总值 12.67 万亿元,总人口 1.5 亿人,分别约占全国的 2.2%、18.5%、11.0%。

规划期为 2016—2020 年,远期展望到 2030 年。

2. 发展基础

(1)区位优势突出。长三角城市群处于东亚地理中心和西太平洋的东亚航线要冲,是"一带一路"与长江经济带的重要交会地带,在国家现代化建设大局和全方位开放格局中具有举足轻重的战略地位,交通条件便利,经济腹地广阔,拥有现代化港口群和机场群,高速公路网比较健全,公路、铁路交通干线密度全国领先,立体综合交通网络基本形成。

(2)自然禀赋优良。长三角城市群濒江临海,环境容量大,自净能力强,气候温和,物产丰富,突发性恶性自然灾害发生频率较低,人居环境优良。

(3)综合经济实力强。长三角城市群产业体系完备,配套能力强,产业集群优势明显,科教与创新资源丰富,拥有普通高等院校 300 多所,国家工程研究中心和工程实验室等创新平台近 300 家,人力人才资源丰富,年研发经费支出和有效发明专利数均约占全国的 30%。

(4)城镇体系完备。长三角城市群大中小城市齐全,拥有 1 座超大城市、1 座特大城市、13 座大城市、9 座中等城市和 42 座小城市,各具特色的小城镇星罗棋布,城镇分布密度达到每万平方千米 80 多个，是全国平均水平的 4 倍左右，常住人口城镇化率达到 68%。城镇间联系密切，区域一体化进程较快，省市多层级、宽领域的对话平台和协商沟通比较通畅。

3. 规划目标控制

中期目标：到 2020 年，基本形成经济充满活力、高端人才汇聚、创新能力跃升、空间利用集约高效的世界级城市群框架，人口和经济密度进一步提高，在全国 2.2% 的国土空间上集聚 11.8% 的人口和 21% 的地区生产总值。

远期目标：到 2030 年，长三角城市群配置全球资源的枢纽作用更加凸显，服务全国、辐射亚太的门户地位更加巩固，在全球价值链和产业分工体系中的位置大幅跃升，国际竞争力和影响力显著增强，全面建成全球一流品质的世界级城市群（表 3-5）。

表 3-5　长三角城市群各城市规模等级

规模等级		划分标准 （城区常住人口）	城市
超大城市		1 000 万人以上	上海市
特大城市		500 万 ～ 1 000 万人	南京市
大城市	Ⅰ型大城市	300 万 ～ 500 万人	杭州市、合肥市、苏州市
	Ⅱ型大城市	100 万 ～ 300 万人	无锡市、宁波市、南通市、常州市、绍兴市、芜湖市、盐城市、扬州市、泰州市、台州市
中等城市		50 万 ～ 100 万人	镇江市、湖州市、嘉兴市、马鞍山市、安庆市、金华市、舟山市、义乌市、慈溪市
小城市	Ⅰ型小城市	20 万 ～ 50 万人	铜陵市、滁州市、宣城市、池州市、宜兴市、余姚市、常熟市、昆山市、东阳市、张家港市、江阴市、丹阳市、诸暨市、奉化市、巢湖市、如皋市、东台市、临海市、海门市、嵊州市、温岭市、临安区、泰兴市、兰溪市、桐乡市、太仓市、靖江市、永康市、高邮市、海宁市、启东市、仪征市、兴化市、溧阳市
	Ⅱ型小城市	20 万人以下	天长市、宁国市、桐城市、平湖市、扬中市、句容市、明光市、建德市

4. 网络化空间格局

依据资源环境承载能力，优化提升核心地区，培育发展潜力地区，促进国土集约高效开发，形成"一核五圈四带"的网络化空间格局。

依据主体功能区规划，按照国土开发强度、发展方向以及人口集聚和城乡建设的适宜程度，将国土空间划分为优化开发区域、重点开发区域、限制开发区域三种类型。

(1) 构建"一核五圈四带"的网络化空间格局。发挥上海市龙头带动的核心作用和区域中心城市的辐射带动作用，依托交通运输网络培育形成多级、多类发展轴线，推动南京都市圈、杭州都市圈、合肥都市圈、苏锡常都市圈、宁波都市圈的同城化发展，强化沿海发展带、沿江发展带、沪宁合杭甬发展带、沪杭金发展带的聚合发展，构建"一核五圈四带"的网络化空间格局。提升上海全球城市化功能，按照打造世界级城市群核心城市的要求，加快提升上海核心竞争力和综合服务功能，加快建设具有全球影响力的科技创新中心，发挥浦东新区引领作用，推动非核心功能疏解，推进上海与苏州、无锡、南通、宁波、嘉兴、舟山等周边城市协同发展，引领长三角城市群一体化发展，提升服务长江经济带和"一带一路"等国家战略的能力。

（2）促进五个都市圈同城化发展。南京都市圈包括南京、镇江、扬州三市。提升南京中心城市功能，加快建设南京江北新区，加快产业和人口集聚，辐射带动淮安等市发展，促进与合肥都市圈融合发展，将南京都市圈打造成为区域性创新创业高地和金融商务服务集聚区。杭州都市圈包括杭州、嘉兴、湖州、绍兴四市。合肥都市圈包括合肥、芜湖、马鞍山三市。发挥合肥都市圈在推进长江经济带建设中承东启西的区位优势和创新资源富集优势，加快建设承接产业转移示范区，推动创新链和产业链融合发展，提升合肥辐射带动功能，打造区域增长新引擎。苏锡常都市圈包括苏州、无锡、常州三市。宁波都市圈包括宁波、舟山、台州三市。高起点建设浙江舟山群岛新区和江海联运服务中心、宁波港口经济圈、台州小微企业金融服务改革创新试验区。高效整合三地海港资源和平台，打造全球一流的现代化综合枢纽港、国际航运服务基地和国际贸易物流中心，形成长江经济带龙头、龙眼和"一带一路"倡议支点。

（3）促进四条发展带聚合发展。沪宁合杭甬发展带依托沪汉蓉、沪杭甬通道，发挥上海、南京、杭州、合肥、宁波等中心城市要素集聚和综合服务优势，积极发展服务经济和创新经济，成为长三角城市群吸聚最高端要素、汇集最优秀人才、实现最高产业发展质量的中枢发展带，辐射带动长江经济带和中西部地区发展。沿江发展带依托长江黄金水道，打造沿江综合交通走廊，促进长江岸线有序利用和江海联运港口优化布局，建设长江南京以下江海联运港区，推进皖江城市带承接产业转移示范区建设，打造引领长江经济带临港制造和航运物流业发展的龙头地区，推动跨江联动和港产城一体化发展，建设科技成果转化和产业化基地，增强对长江中游地区的辐射带动作用。沿海发展带坚持陆海统筹，协调推进海洋空间开发利用、陆源污染防治与海洋生态保护。沪杭金发展带依托沪昆通道，连接上海、嘉兴等城市，发挥开放程度高和民营经济发达的优势，以中国（上海）自由贸易试验区、义乌国际贸易综合改革试验区为重点，统筹环杭州湾地区产业布局，加强与衢州、丽水等地区生态环境联防联治，提升对江西等中部地区的辐射带动能力。

5. 创新驱动经济转型升级

（1）实施创新驱动发展战略，营造"大众创业、万众创新"的良好生态，立足区域高校科研院所密集、科技人才资源丰富优势，面向国际、国内聚合创新资源，健全协同创新机制，构建协同创新共同体，培育壮大新动能，加快发展新经济，支撑引领经济转型升级，增强经济发展内生动力。

（2）构建协同创新格局。建设以上海为中心、宁杭合为支点、其他城市为节点的网络化创新体系。培育壮大创新主体。建立健全企业主导产业技术研发创新的体制机制，促进创新要素向企业集聚。共建、共享创业、创新平台。大力推进"大众创业、万众创新"，加快"双创"示范基地建设，完善创业培育服务，打造创业服务与创业投资结合、线上与线下结合的开放式服务载体。

（3）强化主导产业链关键领域创新。以产业转型升级需求为导向，聚焦电子信息、装备制造、钢铁、石化、汽车、纺织服装等产业集群发展和产业链关键环节创新，改造提升传统产业，大力发展金融、商贸、物流、文化创意等现代服务业，加强科技创新、组织创新和商业模式创新，提升主导产业核心竞争力（表3-6）。

表3-6　长三角城市群主导产业关键领域创新方向

电子信息	重点突破软件、集成电路等核心技术，提升核心器件自给率
装备制造	重点突破大型专业设备和加工设备关键技术，提高区域配套协作水平
钢铁制造	重点提升全过程自集成、关键工艺装备自主化及主要工序的整体技术应用能力，提高精品钢材产品生产能力和比重，推进跨地区、跨行业兼并重组
石油化工	重点强化高端产品创新制造，发展精细化工品及有机化工新材料，推广先进适用清洁生产技术
汽车	重点提升内燃机技术，推进先进变速器产业化、关键零部件产业化，推广新能源汽车示范应用，促进新能源汽车技术赶超，控制降低制造成本
纺织服装	重点发展高端化、功能化、差别化纤维等高新技术产品，积极嫁接创意设计、电子商务和个性定制模式，推动时尚化、品牌化发展
现代金融	重点加快业态、产品和模式创新，积极拓展航运金融、消费金融、低碳金融、科技金融、融资租赁等领域，推动互联网金融等新业态发展
现代物流	重点加强物联网、大数据、云计算等信息技术应用和供应链管理创新，发展第三方物流、"无车（船）承运人"、共同配送等新型业态
商贸	重点推动商贸线上、线下相结合，推动跨境电子商务等新型商贸业态和经营模式发展
文化创意	重点发展文化创意设计、数字内容和特色产业的文化创意服务，积极开发文化遗产保护技术和传承、体验、传播模式等，推进文化与网络、科技、金融等融合发展

（4）依托优势创新链培育新兴产业。积极利用创新资源和创新成果培育发展新兴产业，加强个性服务、增值内容、解决方案等商业模式创新，积极稳妥发展互联网金融、跨境电子商务、供应链物流等新业态，推动创新优势加快转化为产业优势和竞争优势。

6. 健全互联互通的基础设施网络

统筹推进交通、信息、能源、水利等基础设施建设，推进军地资源优化配置、功能兼容、合理共享，构建布局合理、设施配套、功能完善、安全高效的现代基础设施网络，提升基础设施互联互通和服务水平。

（1）构筑以轨道交通为主的综合交通网络。完善城际综合交通网络。依托国家综合运输大通道，以上海为核心，南京、杭州、合肥为副中心，以高速铁路、城际铁路、高速公路和长江黄金水道为主通道的多层次综合交通网络，提升综合交通枢纽辐射能力，着力打造上海国际性综合交通枢纽，加快建设南京、杭州、合肥、宁波等全国性综合交通枢纽，以及南通、芜湖、金华等区域性综合交通枢纽，提升辐射能力与水平。按照"零距离换乘，无缝化衔接"的要求，着力打造集铁路、公路、民航、城市交通于一体的综合客运枢纽，大力推进综合货运枢纽和物流园区建设。

（2）加快打造都市圈交通网。加快上海城市轨道交通网建设，提升中心城区地铁、轻轨网络化水平，建设连通中心城区和郊区城镇的市域（郊）铁路，适时研究延伸至苏州、南通、嘉兴等邻沪地区。畅通对外综合运输通道。统筹协调长三角城市群对外通道建设，打造长江黄金水道及长三角高等级航道网，规划建设沿江高速铁路，构筑与长江中游、成渝以及滇中、黔中城市群间的大能力、高速化运输通道。提升运输服务能力与水平。强化中心城市之间点对点高速客运服务、中心城市与节点城市及节点城市之间快速客运服务、中心城区与郊区之间通勤客运服务。推进城市群内客运交通公交化运营，提供同城化交通服务，推行不同客运方式客票一体联程和不同城市一卡互通。

7. 推动生态共建、环境共治

长三角地区既是经济发达和人口密集地区，也是生态退化和环境污染严重地区。优化提升长三角城市群，必须坚持在保护中发展、在发展中保护，把生态环境建设放在突出位置，紧紧抓住治理水污染、大气污染、土壤污染等关键领域，溯源倒逼、系统治理，带动区域生态环境质量的全面改善，在治理污染、修复生态、建设宜居环境方面走在全国前列，为长三角率先发展提供新支撑。

（1）共守生态安全格局。外联内通共筑生态屏障。强化省际统筹，推动城市群内外生态建设联动，建设长江生态廊道，依托黄海、东海、淮河—洪泽湖共筑东部和北部蓝色生态屏障，依托江淮丘陵、大别山、黄山—天目山—武夷山、四明山—雁荡山共筑西部和南部绿色生态屏障。严格保护重要生态空间。贯彻落实国家主体功能区制度，划定生态保护红线，加强生态红线区域保护，确保面积不减少、性质不改变、生态功能不降低。

（2）深化跨区域水污染联防联治。以改善水质、保护水系为目标，建立水污染防治倒逼机制。联手打好大气污染防治攻坚战；完善长三角区域大气污染防治协作机制，统筹协调解决大气环境问题。全面开展土壤污染防治，坚持以防为主，点治、片控、面防结合，加快治理场地污染和耕地污染。

8. 创新一体化发展体制机制

创新联动发展机制，遵循市场发展规律，以建设统一大市场为重点，加快推进简政放权、放管结合、优化服务改革，推动市场体系一开放、基础设施共建共享、公共服务统筹协调、生态环境联防共治，创建城市群一体化发展的"长三角模式"。

推动要素市场一体化建设，建设产权交易共同市场。依托三省一市产权交易市场，逐步实现联网交易、统一信息发布和披露。探索将交易种类拓展至国有企业实物资产、知识产权、农村产权、环境产权等各类权属交易，实现交易凭证互认。提高金融市场一体化程度，在城市群范围积极推广自贸试验区金融改革可复制试点经验。建立土地（海域）高效配置机制，坚持最严格的耕地保护制度和最严格的节约用地制度，强化土地利用总体规划实施管理，严格控制新增建设用地占用耕地。推动资源市场一体化，创新和完善长三角人口服务和管理制度，加快实施户籍制度改革和居住证制度，统筹推进本地人口和外来人口市民化，加快消除城乡区域间户籍壁垒，促进人口有序流动、合理分布和社会融合。

3.4 省域城镇体系规划

3.4.1 原则要求

省域城镇体系规划是省、自治区人民政府实施城乡规划管理，合理配置省域空间资源，优化城乡空间布局，统筹基础设施和公共设施建设的基本依据，是落实全国城镇体系规划，引导本省、本自治区城镇化和城镇发展，指导下层次规划编制的公共政策。

编制省域城镇体系规划，应当以科学发展观为指导，坚持城乡统筹规划，促进区域协调发展；坚持因地制宜，分类指导；坚持走中国特色的城镇化道路，节约、集约利用资源、能源，保护自然人文资源和生态环境。

3.4.2　规划成果

规划成果应当包括下列内容：

（1）明确省、自治区城乡统筹发展的总体要求。包括城镇化目标和战略，城镇化发展质量目标及相关指标，城镇化途径和相应的城镇协调发展政策和策略；城乡统筹发展目标、城乡结构变化趋势和规划策略；根据省、自治区内的区域差异提出分类指导的城镇化政策。

（2）明确资源利用与资源生态环境保护的目标、要求和措施。包括土地资源、水资源、能源等的合理利用与保护，历史文化遗产的保护，地域传统文化特色的体现，生态环境保护。

（3）明确省域城乡空间和规模控制要求。包括中心城市等级体系和空间布局；需要从省域层面重点协调、引导地区的定位及协调、引导措施；优化农村居民点布局的目标、原则和规划要求。

（4）明确与城乡空间布局相协调的区域综合交通体系。包括省域综合交通发展目标、策略及综合交通设施与城乡空间布局协调的原则，省域综合交通网络和重要交通设施布局，综合交通枢纽城市及其规划要求。

（5）明确城乡基础设施支撑体系。包括统筹城乡的区域重大基础设施和公共设施布局原则和规划要求；中心镇基础设施和基本公共设施的配置要求；农村居民点建设和环境综合整治的总体要求；综合防灾与重大公共安全保障体系的规划要求等。

（6）明确空间开发管制要求。包括限制建设区、禁止建设区的区位和范围，提出管制要求和实现空间管制的措施，为省域内各市（县）在城市总体规划中划定"四线"规划控制线提供依据。

（7）明确对下层次城乡规划编制的要求。结合本省、本自治区的实际情况，综合提出对各地区在城镇协调发展、城乡空间布局、资源生态环境保护、交通和基础设施布局、空间开发管制等方面的规划要求。

（8）明确规划实施的政策措施。包括城乡统筹和城镇协调发展的政策；需要进一步深化落实的规划内容；规划实施的制度保障，规划实施的方法。

省、自治区人民政府城乡规划主管部门根据本省、本自治区实际，可以在省域城镇体系规划中提出与相邻省、自治区、直辖市的协调事项和近期行动计划等规划内容。必要时可以将本省、本自治区分成若干区，深化和细化规划要求。

3.4.3　强制性内容

限制建设区、禁止建设区的管制要求，重要资源和生态环境保护目标，省域内区域性重大基础设施布局等，应当作为省域城镇体系规划的强制性内容。

3.4.4　规划期限

省域城镇体系规划的规划期限一般为 20 年，还可以对资源生态环境保护和城乡空间布局等重大问题做出更长远的预测性安排。

3.4.5　案例实践

案例：四川省城镇体系规划（2014—2030 年）

1. 规划范围

规划范围为四川省行政辖区，包括成都市、绵阳市、自贡市、攀枝花市、泸州市、德阳市、广元市、遂宁市、内江市、乐山市、资阳市、宜宾市、南充市、达州市、雅安市、广安市、巴中市、眉山市、阿坝藏族羌族自治州、甘孜藏族自治州和凉山彝族自治州，共 21 个市（州），地域面积 48.5 万平方千米。

2. 规划期限

规划期限为 2014—2030 年。其中，近期为 2014—2020 年，远期为 2021—2030 年。

3. 省域发展总体目标

主动适应和引领经济发展新常态，积极对接"一带一路"和长江经济带发展战略，保持经济中高速增长，促进产业结构转型升级。统筹推进经济、政治、社会、文化和生态文明建设，探索城乡统筹创新发展道路，加快实施精准扶贫、精准脱贫，全面消除绝对贫困。2020 年实现由经济大省向经济强省跨越，由总体小康向全面小康跨越。

在全面建成小康社会的基础上，以改革创新为动力，着力推进现代化建设，形成经济富裕、政治民主、文化繁荣、社会公平、生态良好的发展格局。2030 年建成引领西部开发开放的经济中心、国家生态文明先行示范区、全国统筹城乡发展示范区、国际知名的自然生态和文化旅游目的地，为基本实现现代化奠定坚实基础。

到 2020 年，常住人口为 8 600 万人左右，常住人口城镇化率年均提高 1.1~1.3 个百分点，达到 54%左右。到 2030 年，常住人口为 9 000 万人左右，常住人口城镇化率年均提高 0.8~1.0 个百分点，达到 64%左右。户籍人口城镇化率 2020 年达到 38%左右，2030 年达到 50%左右，户籍人口城镇化率与常住人口城镇化率差距在现状基础上缩小 3 个百分点左右。

构建与资源环境承载能力相匹配的城镇布局，以城市群为主体形态，形成"一轴三带、四群一区"的城镇化发展格局，完善梯次发展、多点多极的城镇体系。大力推进四川天府新区建设，使之成为西部地区的核心增长极与科技创新高地。

城镇等级规模结构更加完善、功能定位更加清晰，区域性中心城市辐射带动作用更加突出，县城竞争力明显提升，小城镇服务功能显著增强，大中小城市和小城镇发展更加协调。到 2030 年，城镇体系结构基本完善，多点多极支撑的城镇体系格局基本形成，除成都主城区外人口规模超过 100 万人的城市达到 10 个。

4. 城镇空间布局

（1）总体空间布局。构建"一轴三带、四群一区"的城镇空间发展格局。

"一轴"为成渝城镇发展轴，是成渝地区城镇发展和产业集聚的核心地区。以成都和重庆为核心，依托多条复合交通走廊，形成区域密切合作、城镇合理分工的城镇发展主轴，辐射带动遂宁、资阳和内江等沿线地区加快发展。

"三带"为成绵乐城镇发展带、沿长江城镇发展带和达南内宜城镇发展带,是全省城镇空间组织的重点地区,也是对外开放和区域合作的重要载体。

"四群"为成都平原城市群、川南城市群、川东北城市群和攀西城市群,是全省城镇空间协作、城镇化发展的重点地区。

"一区"为川西生态经济区,包括甘孜州和阿坝州全域,是长江上游生态屏障,以绿色经济为主的生态保护地区。按照重点生态功能区定位,加强若尔盖草原湿地和川滇森林及生物多样性生态功能区保护,稳步推进生态移民和扶贫移民工程,科学避让活动断裂带和地质灾害危险地带。

(2) 重点地区发展要求。

成都大都市圈:包括成都、德阳、眉山三市全域,资阳市的雁江区、简阳市和乐至县,以及雅安市的雨城区和名山区。规划形成网络化城镇组织格局,疏解成都发展压力,推动区域一体化进程。严格控制成都主城区发展规模,提升产业结构和空间品质,培育高端服务职能,重点发展科技研发、国际交往、高端消费与金融商务等功能。德阳、眉山和资阳三市培育专业化城市职能,承接成都产业转移。构建区域生态安全格局,严格保护龙门山、龙泉山、都江堰灌区等生态功能地区,严格控制城镇走廊型地区的组团间隔离绿带。完善交通系统一体化规划、建设、运营与管理体系,加快建设成都天府国际机场综合交通枢纽,推动龙泉山东侧高速公路、铁路等交通设施建设,建立成都至德阳、眉山和资阳的轨道交通,完善德阳、眉山、资阳三市间便捷联系通道。

绵阳都市区:促进绵阳与江油、安州一体化发展,加强绵阳对梓潼、三台、北川等地区的辐射带动作用。重点建设国家级高技术产业基地,提升科技研发能力,加强科技成果应用转化,成为全省推进创新驱动战略的重要支点。构建区域一体的生态安全格局,保护与利用城市周边山体,促进城镇空间沿河谷组团型布局。预留绵阳机场迁建用地及集疏运通道,建设绵阳至安州轨道交通系统,完善绵阳至江油、安州的快速联系道路,建立都市区内公交一体化运营机制。

乐山都市区:促进乐山、峨眉山、夹江一体化发展,形成面向区域的旅游服务基地、成都南向货运枢纽、四川新型建材与盐磷化工产业基地。严格保护山、水、城交织的组团式城市格局,保护多条伸向主城的生态绿楔。加强乐山港与成都的联系通道建设,建设乐山至夹江、峨眉山之间的快速联系道路,提升都市区公共交通一体化水平。

遂宁都市区:促进遂宁、大英和射洪的一体化发展,成为成渝之间重要的联系枢纽与产业协作发展区。重点发展精细化工、电子信息、食品饮料等现代制造业集群,培育发展商贸物流等现代服务业。加强中心城区沿江地段和东山、西山的保护,严格保护区域生态廊道和组团间生态隔离绿楔。推进遂宁至射洪、大英的快速联系道路建设,预留轨道设施廊道,加强至周边市县干线公路网和公交服务建设。

内江—自贡联合都市区:以内江和自贡为核心,促进两市区与威远、富顺的一体化发展。加强沱江、釜溪河和威远河流域污染治理,控制污染企业布局,建设区域重要的环保产业基地、生态转型发展示范地区。内江依托区位优势提升交通枢纽地位,自贡依托科研院校资源积极培育壮大科研创新能力,推动威远、富顺专业化发展。研究有利于两地协同发展的行政区划调整方案,预留川南大型机场建设条件,建设内江至自贡城际铁路和快速联系通道，建立都市区内公共交通一体化运营机制。

南充都市区：以南充为核心，西充、蓬安为支撑，促进城镇合理布局，加快实现区域基础设施一体化。增强南充在川东北的引领和辐射作用，重点发展石油天然气精细化工、汽车及零部件、清洁能源和商贸物流等产业，积极完善金融服务、教育科研、医疗卫生等服务职能，建设川东北区域性中心城市。加强嘉陵江流域生态保护，预先控制中心城市外围生态功能地区和生态绿楔。提高南充机场对周边区域的辐射能力，加快至川东北主要城市间城际快速通道建设，建设南充至西充轨道交通系统，推进公交服务向周边乡村区域的延伸。

达州都市区：促进达州、宣汉和开江一体化发展，提升对川渝鄂陕接合部的辐射能力，带动秦巴山区整体发展。重点发展天然气化工、建材、轻工和商贸物流业，积极发展机械、煤炭和特色农产品加工业，适时推动达钢老工业基地搬迁。提高城市防洪排涝能力，加强对城市周边自然山体的保护。统筹成南达万客运专线、渝广达铁路、高速公路和国省干线公路建设，加强达州机场、达州港集疏运通道建设，增强达州至周边县市与农村地区的公路建设，完善城乡公交系统。

宜泸沿江城镇发展协调区：以宜宾和泸州为核心，宜宾县城、江安、长宁、泸县和合江为支撑，整合区域腹地与资源优势，优化城市功能与产业体系，建设区域重要的装备、化工、白酒与物流基地。重点加强沿江港口协调，注重与重庆方向的交通对接，提升宜宾、泸州区域交通枢纽地位。加强长江、岷江、沱江和赤水河流域的自然生态环境保护，严格控制污染企业布局。推动宜宾和泸州机场合作，统筹宜宾和泸州沿江各港口作业区布局和分工，统筹安排生产生活岸线和过江通道建设。沿江两侧各保障一条以上快速联系通道，加强联系云贵地区的高等级公路建设，加强两大中心城市至周边乡村地区的公路网和公交服务建设。

攀西安宁河谷城镇发展协调区：以攀枝花和西昌为核心，米易、盐边、德昌、会理和会东为支撑，建设城镇布局合理、产业分工明确、开发与保护并重的城镇协调发展地区。促进攀枝花与会理、会东一体化发展，建设川滇交界地区的区域性中心城市。调整西昌产业结构，重点发展商贸、旅游和高效农业，建设区域旅游服务中心。严格控制地质灾害高易发区城镇建设与产业布局，限制安宁河谷地区制造业的进一步集聚，严控工业园区规模，逐步关停和转移区内高污染企业。

5. 重大产业布局

（1）建设农林基地，推动农业现代化。发展现代农业，提高农业劳动生产率。以标准化、规模化产业基地建设为重点，以市场需求为导向，以农民持续增收为目标，优化产业布局，建设一批优势突出、特色鲜明的主导产业集中发展区。

成都平原农业发展区建设国家现代农业示范区、西部特色优势产业集中发展区、农产品加工物流中心、农业科技研发转化中心，率先在全省实现农业现代化。盆地丘陵农业发展区着力稳定粮食作物生产，建设经济作物优势产区，加快适度规模养殖，培育工业原料林，建设粮油、畜产品、饲料和林产品加工基地，积极发展乡村生态旅游业。盆周山地农业发展区大力发展特色农业、生态农业和节水农业，推广林粮结合等山区耕作模式，建设特色农产品生产基地和特色肉类优势产区，大力发展木竹原料林、特色干果、药材和林产品加工业。

攀西山地农业发展区重点发展特色水果、蔬菜、茶叶和花卉，推进优质粮食和优质烟叶生产，率先在全省推出国际市场品牌。大力发展特色畜牧产业，积极发展特色干果、药材和林产品加工。川西高原农业发展区重点建设具有高原特色的禽畜生产基地，统一打造川藏高原特色畜产品品牌，积极开发绿色畜产品。保障少数民族特需农作物，加快发展水果、蔬菜、食用菌和药材等特色种植业。

（2）建设特色产业集群，促进工业转型升级。坚持创新驱动，做优做强现代产业体系。培育页岩气、节能环保装备、信息安全、航空与燃机、新能源汽车等五大高端成长型产业，引领现代制造业高端高新化发展；转型提升石化、盐磷、钒钛、钢铁等传统资源产业，发展循环经济；大力发展食品、饮料、家具、纺织服装等劳动密集型产业。培育七大重点发展集群：

①电子信息产业集群：以成都、绵阳为核心发展区，遂宁、广元为重点发展区；

②装备制造产业集群：以德阳、自贡为核心发展区，泸州、资阳、成都、绵阳为重点发展区；

③汽车制造产业集群：以成都、资阳为核心发展区，内江、广安、遂宁为汽摩配件发展区；

④能源电力产业集群：以金沙江、雅砻江、大渡河"三江"干流区域为核心发展区，资源相对集中的大中型流域为水电集群重点发展区，泸州、宜宾、攀枝花、广元为火电重点发展区，达州为天然气重点发展区；

⑤油气化工产业集群：以成都、南充、达州为核心发展区，遂宁、广元、眉山、宜宾、泸州为重点发展区；

⑥钒钛钢铁产业集群：以攀枝花、会理为核心发展区，西昌、德昌、米易、盐边为重点发展区；

⑦食品饮料产业集群：以宜宾、泸州为国家白酒"金三角"核心发展区，广元—巴中、遂宁—南充—广安、成都—德阳—资阳为农产品加工发展区。

（3）健全中心体系，壮大现代服务业。以电子商务、现代物流、现代金融、科技服务、养老健康服务等新兴服务业为先导，着力完善其他生产性和生活性服务业。依托城镇尤其是中心城市集聚发展服务业，加快推进成都高端服务业发展，鼓励中心城市完善服务业体系，完善重点县、重点镇的基本公共服务。重点发展现代服务业：

①电子商务：打造大宗商品电商平台，做强移动电商和跨境电商。以成都国家电子商务示范城市为重点，建设中西部电子商务中心。

②现代物流：构建以成都为中心，连接省内主要城市、服务西部、辐射全国、影响全球的物流服务体系。将成都建设成为全国性区域物流中心；绵阳、达州、泸州、南充、宜宾、遂宁和攀枝花建设成为次区域物流中心。建设一批功能完备的物流基地和园区，加快建设保税物流基地和内陆港，统筹布局农副产品、大宗物资及生产资料、工业消费品等批发市场和综合市场。

③现代金融：以成都为依托，大力发展现代金融业，重点建设西部票据市场中心、直接融资中心、保险市场中心、产权交易市场中心、大宗商品交易市场中心、金融创新中心和银团贷款中心等。培育次级区域性金融中心，重点在南充、达州、宜宾、泸州、德阳开展金融机构运行机制的创新和调整，增强金融业活力，提升金融业运行效率。

④科技研发：构建成都国家软件出口创新基地与文化创意基地、绵阳军转民技术创新示范基地、自贡国家级节能环保装备科技研发基地、德阳重型装备研发中心、攀枝花—西昌国家战略资源创新发展基地。

⑤养老健康服务：推动养老健康服务产业化、多元化、专业化发展，促进医养结合、养老健康融合发展。

⑥文化产业：发挥历史文化、民族文化、民俗文化及"三线建设"文化优势，大力发展文化产业。成都及有条件的一批中心城市重点发展文化创意产业、文化旅游业；川西、川南、川东北、攀西等广大地区积极发展文化旅游业。

⑦服务外包：以成都、德阳、绵阳为重点，依托国家级高新区、经济开发区，率先建设一批生产性服务外包产业集聚示范园区；攀枝花、达州、自贡、乐山等区域性中心城市可根据自身条件，重点发展技术、信息和劳务外包等。

6. 城市规模等级

规划到2030年，共形成超大城市（1 000万人以上）1个，即成都主城区（包括成都市所有市辖区及郫都区）；Ⅱ型大城市（100万~300万人）10个；中等城市（50万~100万人）8个；小城市（10万~50万人，含部分县城）68个；10万人以下的县城63个。

7. 省际协调要求

（1）成渝经济区一体化。

成渝共建国家经济第四极：明确与重庆的职能分工，重庆依托制造业基础和公水铁联运优势，强化先进制造、生产服务、商贸物流等职能；成都依托科技、航空、宜居、文化等优势，强化文化创意、科技创新、国际交往、消费服务等职能。加快推进成渝经济区城镇空间布局、产业发展、基础设施建设、生态环境保护和治理一体化，共建引领西部开发开放的国家级城市群、全国重要的现代产业基地、西部创新驱动先导区、深化内陆开放试验区、统筹城乡发展示范区和美丽中国的先行区。

加强区域基础设施协调：优先建设城际交通网络。以高速铁路、快速铁路、高速公路为骨干，打造核心城市间1小时交通圈。联合打通断头路，改造升级国道、省道，构建跨界快速交通通道。联合打造长江上游航运中心，推进泸州、宜宾中心港和乐山、南充重点港建设，加快航道升级。加强与重庆电力外送通道、天然气长输管线、重大储气设施建设等方面的协作。

完善区域合作体制机制：在对外开放、产业协作和市场一体化建设等方面深化合作。推进开放平台、口岸和对外通道的合作共享，依托长江黄金水道和国际大通道构建承接产业转移平台，加强负面清单管理。推动要素市场区域共享，协调产业分工与协作，培育提升优势产业集群。依托天府新区、两江新区打造成渝创新驱动核心区，打破地区行政限制共享创新创业资源。逐步完善社会服务、科技教育等领域合作。统筹流动人口教育、医疗和养老保障，建立区域一体的金融网络、信用保证体系，提高服务效率。推进生态环境共治，共守生态安全格局。深化跨区域水污染和大气污染联防联治。

（2）与周边省份协调发展要求。

与陕西的协调：对接陇海兰新线欧亚大陆桥，形成多条出川通道，便利对接山西、内蒙古、河北、河南与西北地区。共同推进成西客运专线、渝西客运专线、巴中—汉中高速公路建设。推动两省现代服务业、优势产业的共赢发展，促进高新技术企业和研发机构的合作与交流，共建西部创新发展高地。加强广元—汉中地区的文化旅游合作，形成川东北—陕南旅游发展高地。加强石油、天然气资源的开发合作，并积极开展秦巴山区生态保护与扶贫开发协作。

与甘肃的协调：构建成兰新交通走廊，形成西北地区联通中亚的战略通道。共同推进兰渝铁路、成兰铁路建设。共同推进九寨沟—陇南、若尔盖—合作高速公路建设。加强绵阳、广元与陇南市的合作对接，促进两省的经济文化交流。整合旅游路线，打造大九寨旅游经济圈。

与青海的协调：积极开辟连通青海的铁路公路通道，共同推进马尔康—格尔木铁路和高速公路建设，协调成西（宁）铁路黄胜关—西宁段建设。加强与柴达木盆地石油、天然气等战略资源开发和石油天然气化工发展的协作。加强安全防灾、生态保护等的协作，共建长江上游生态屏障。

与贵州的协调：推进快速连通两广的出海通道建设，加快成贵客运专线、成自泸遵铁路、隆百铁路等铁路以及叙永—习水等高速公路建设。重点推动川南、攀西地区与贵州省的共赢发展。协调"攀西—六盘水"经济区规划建设，深化泸州与遵义、毕节的战略合作。促进酒产品、酒文化和酒类地域品牌的共同培育，共同打造国家白酒"金三角"。促进金沙江、赤水河流域生态环境协同治理，加强乌蒙山区的生态共建。整合赤水河区域旅游资源，共同打造川滇黔渝接合部"红色"精品旅游线路。

与云南的协调：加强与云南的铁路联系以及与东盟的国际通道对接，实现印度洋出海通道与长江运输通道的联系。共同推进渝昆客运专线、成昆铁路复线、丽攀昭铁路建设。共同推进攀枝花—丽江、宁南—巧家、香格里拉—西昌—昭通等高速公路建设。加强昭通市、六盘水市、毕节市、攀枝花市、泸州市、乐山市、宜宾市、凉山州等八市州合作，协调川滇黔长江上游航运物流中心建设。深化促进泸州—昭通、迪庆—甘孜等地区的战略性合作。整合区域旅游资源，共同打造香格里拉旅游圈，促进攀西、乐山地区与香格里拉、大理、丽江、昆明等地区的旅游线路衔接。推进两省在水电、油气、煤炭、新能源、水利等优势资源的开发与利用合作，深化生物资源开发、文化和信息等的合作。

与西藏的协调：共同推进康定—昌都铁路建设，加强川藏国省干线公路建设协调。加强川藏铁路沿线旅游交通线建设，推进川西与西藏旅游开发。加强藏药等民族特色产品共同开发、品牌共建，对接藏东铜矿资源，建设四川加工基地。加强藏区生态共建、安全防灾、民族团结、长江流域治理等领域的协作。加强金沙江流域水电开发合作，有序推进水电梯级开发。

3.5　市县域城镇体系规划

3.5.1　目的和任务

市县域城镇体系规划编制目的是促进县一级城乡经济、社会和环境的协调发展，加快小城镇建设和城市化进程。

规划的主要任务是：落实省（市）域城镇体系规划提出的要求，指导乡镇域和村镇规划的编制。规划应突出以下重点：

（1）确定城乡居民点的有序发展的总体格局，选定中心镇，防止一哄而起，促进小城镇健康发展。

（2）布置县域基础设施和社会服务设施，防止重复建设，促进城乡协调发展。

3.5.2 规划内容

规划内容主要包括：

（1）分析全县基本情况，综合评价县域发展条件。

（2）明确产业发展的空间布局，有条件的可划分县域经济区。

（3）预测县域人口，提出城市化战略及目标。

（4）确定城乡居民点布局规划，选定重点发展的中心镇。

（5）协调用地及其他空间资源的利用。

（6）统筹安排区域性基础设施和社会服务设施。

（7）制定专项规划，提出各项建设的限制性要求。专项规划包括交通网络规划，给排水、电力、电信设施规划，科教文卫等服务设施规划，环境保护及防灾规划，园林绿化规划，风景旅游规划等。

（8）制定近期发展规划，确定分阶段实施规划的目标及重点。

（9）提出实施规划的政策建议。

3.5.3 规划期限及成果

规划期限一般为 20 年，近期规划期限为 5 年。

规划成果包括规划文件和规划图件两大部分。

规划文件包括规划文本和规划说明书。规划文本是对规划目标、原则和内容提出规定性和指导性的文件，必须内容简明、文字简练、用词准确。规划说明书是对规划文本的具体解释，应附有关专题报告和基础资料汇编。

规划图件一般包括：市（县）域综合现状图；市（县）域人口与城镇布局规划图；市（县）域综合交通规划图；市（县）域基础设施规划图；市（县）域社会服务设施规划图；市（县）域环境保护与防灾规划图；近期建设和发展规划图；重点地区规划图；图件比例尺一般为 1∶10 万～1∶5 万。

3.5.4 案例实践

案例：吉林省安图县县域城镇体系规划（2016—2030 年）

1. 简要介绍

安图县位于吉林省东部、延边朝鲜族自治州西南部，总面积 7 438 平方千米，辖七镇两乡，中心城区总人口为 6.9 万人。安图县处于长吉图战略发展带上，吉珲客运专线建成后，安图县将进入长春 2 小时经济圈、延吉半小时经济圈和珲春 1 小时经济圈。安图县作为长吉图开放前沿，未来将迎快速发展。

2. 城镇职能

二道白河镇：吉林省东部生态轴上的重要节点城镇，延边州西南部次中心城镇，以旅游业、林产品加工业为主的区域性中心城镇。该镇为长白山国际旅游接待中心、长白山特产研发加工基地、矿泉水加工基地。

明月镇：全县的政治、经济、文化中心，集医药、绿色食品加工、旅游、服务业为一体的综合型城镇。

松江镇：以木制品加工业、长白山特产加工业为主的商贸城镇。

3. 城镇等级

将安图县城镇分为四类，即二道白河镇作为州域次中心城市，安图县城（明月镇）作为县域中心城镇，松江镇为重点镇，其他为一般镇（乡）。

4. 城镇规模

二道白河镇为10万～20万人，安图县城（明月镇）为5万～10万人，松江镇、两江镇均为2万～5万人，万宝镇、石门镇、亮兵镇均为0.5万～1万人。

5. 城镇空间结构

规划延边州形成"三区、四轴、两主、两次、三点"的新型空间发展架构，提升二道白河镇为延边的西南部次中心城市，安图县城（明月镇）作为长吉图开发开放先导区的节点城市。综合城镇职能、等级、规模结构，依托交通干线，形成"双心三轴"的县域空间结构，塑造疏密有致、规模适宜的城镇体系结构。

双心：分别以县城（明月镇）和二道白河镇为主体构建北部、南部两个县域发展核心。

三轴：面向开放的格局，依托主要交通廊道，形成县域城镇发展轴、北部区域协同发展轴、南部区域协同发展轴三条城镇发展轴。

第4章

城市综合规划

4.1 城市发展战略

4.1.1 城市发展战略的内容

城市发展战略，是指在较长时期内，人们从城市的各种因素、条件和可能变化的趋势预测出发，做出关系城市经济社会建设发展全局的根本谋划和对策。城市是一个极其复杂的经济实体、社会实体和文化实体，城市发展战略有其特有的内容。广义地讲，城市发展战略是指根据对城市发展的因素、条件的估量，考虑和制定城市发展所要达到的目标，发展的重点，发展的步骤，以及实现上述要求采取的方针、政策和根本性的措施。狭义地讲，城市发展战略是对城市及其区域在较长时期经济、社会、生态环境等重大问题的考虑、谋划和安排（图4-1）。

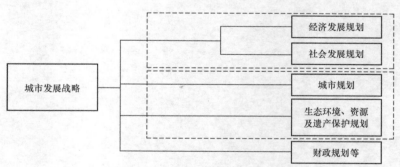

图4-1 城市发展战略的内容

一般来说，城市发展战略可分为城市发展总体战略和各子系统发展战略。城市发展总体战略是从宏观的角度对城市发展进行全局性的战略规划，而各子系统发展战略主要有经济发展战略、社会发展战略、建设发展战略、科技发展战略、投资发展战略等。

4.1.2　城市发展战略的特征

城市发展战略是对未来一个时期内城市发展的总体构想，其特征体现为以下几个方面。

1. 地域性

城市发展战略是在全国及整个地区发展战略的指导下，对某个城市发展的总体构想，它必须是根据城市的具体情况制定的，带有强烈的地域性特征。城市发展战略的地域性，就是强调地域特点，强调城市发展战略的地域针对性。

2. 公共性

城市发展战略在经济、社会、环境、文化等方面，其出发点和归宿、目的和手段都具有公共性。在市场经济条件下，城市发展战略是通过公共经济、公共政策的间接作用实现的。公共物品、公共服务、公共政策是城市发展战略的杠杆支点。

3. 公开性

公开性正是城市发展战略的存在方式。城市发展战略要获得市民的认可、支持，以营造战略实施的环境。城市战略具有话语功能，它通过术语、概念、图示、逻辑等影响人们的思维方向和方式，特别是通过对注意力的吸引作用于人们的行为选择，以实现城市远景发展的目标。

4. 预见性

城市发展战略要成为指导城市发展的依据，就必须要有很强的预见性或前瞻性。在这里，预见或预测必须要有坚实的现实基础，它是在城市现实发展的基础上，基于对城市综合因素的考虑。总结前一时期的发展情况，准确估计未来形势的变化和国家宏观政策的导向，根据现实和可能，做出科学的预见或预测。

5. 综合性

城市发展战略是一个完善的系统，它涉及城市内各产业、部门、资源、环境以及社会发展、政府行为等方面的情况，并需要对诸多条件因素进行综合分析和评价，以及正确估计城市的发展环境，具有极强的复杂性和综合性。

6. 可操作性

可操作性或称为可应用性，是检验城市发展战略能否落实的试金石。城市发展战略的可操作性，主要表现在目标的可实现性和策略的可应用性。具有可操作性，就能应用到实践中去，反之，则只能停留在书面上。

4.1.3　城市发展战略的作用

城市作为社会生产力发展到一定阶段的产物，是一个地区的政治、经济、教育、科技、文化、信息和管理中心。我国正在经历着经济体制转型和加速实现现代化的过程，在这一过程中，城市的重要作用日益凸显，在国民经济运行的各个环节和方面都可以看到城市的深刻烙印，而城市发展战略对一个城市的未来发展有着重要的作用。

首先，城市发展战略与城市发展之间的关系是一种主观谋划指导同客观规律之间的关系。主观谋划指导符合城市发展的客观规律，城市发展就会表现为持续、协调、高速、高效，反之，城市发展就会出现大起大落、低速、低效。这里的问题是一个城市发展战略的各项内容是否正确，是否科学。其中，最重要、最关键的是对城市发展中带有全局性的各主要方面和各主要阶段是否做到了统筹兼顾，安排得当。

其次，城市发展战略影响和制约着城市社会发展战略。社会发展战略是一个更为广泛的发展战略，它包括经济、政治、文化、思想意识、伦理道德等。社会发展战略中的生产关系、经济基础与上层建筑各个方面，是互为条件、互相制约、互相促进的。城市发展的重要性，在于它为其他方面的发展提供了基础，尤其是物质基础。

4.2　城市职能

4.2.1　城市职能的内涵

城市职能是指某城市在国家或区域中所起的作用和所承担的分工。城市基础理论研究表明，城市的政治、经济、文化等各个领域活动是由两部分组成的。一部分是为本地以外的区域服务的，即基本职能；另一部分是为本地居民正常的生产和生活服务的，即非基本职能。其中，基本职能是城市发展主动、主导的促进因素。城市的主要职能是城市基本职能中比较突出的、对城市发展起重要作用的职能。城市职能的研究就是从整体上看一个城市的作用和特点，主要考虑的是城市与区域的关系以及城市与城市的分工问题，属于城市体系的研究范畴。

4.2.2　城市职能的分类

城市职能分类研究开始于20世纪20年代，很多城市地理学家为城市职能分类方法的进步做出了贡献。英国的卡特（H. Carter，1972）按发展顺序把城市职能分类的方法论分成5种类型。最早的是一般描述方法，20世纪40年代盛行统计描述方法，50年代多采用统计分析方法和城市经济基础研究方法。最近发展起来的是多变量分析法。最常用的分析技术是主因素分析和聚类分析。这些方法的发展是一个由简单向复杂、由单一变量向多变量、由主观向客观的不断进步的过程。目前，对城市职能的分类，主要包括3个方面：

1. 专业化部门

专业化部门包括政治、经济、文化等部门，其中专门化工业部门是划分城市经济职能的主要依据，专门化工业部门可能包括一个或几个工业部门。

2. 职能强度

若城市某部门的专业化程度很高，则该部门产品的输出比重也高，职能强度也高。职能强度体现的是城市基本活动部分与非基本活动部分的关系。

3. 职能规模

有些小城市某个专业化部门的职能强度虽高，但对外服务的绝对规模不一定大；而有些大城市某个部门在城市工业结构中所占的比重并不高，但产品输出的绝对规模可能很大。在职能强度很高的专业化的工业城市之间，职能规模的差异常常退居次要地位。但在专业化程度并不高的综合性城市，职能规模往往构成城市工业职能差异的主要因素。职能规模反映城市某一职能在城市体系中的职能地位。在我国城市职能分类中，采用较多的是统计描述方法。该方法较简单直观，主要用城市职能部门专业化程度和职能规模来表述。也有的学者利用聚类分析法对我国城市工业职能进行了较系统的分类。

4.2.3　我国城市职能类型

现代城市是经济、社会（含政治、文化等）和物资三位一体的有机实体。因此，我国城市体系中城市基本职能类型的划分，主要依据以下几个方面：

1. 作为经济实体的城市

在我国城市体系中，尤其在现代城市体系内，城市作为经济实体，是现代生产力的载体。在这个载体上有着高度集中、高度专门化分工和高度协作的经济网络，它在地域上的地位和作用必然是人类社会经济活动在空间上的投影，具有突出的经济职能。在我国古代城市体系中，这类城市不多，其经济职能大多是寄生于行政职能之上的。自近代以来，尤其是现代城市体系，由于近现代工业技术的迅速发展，城市几乎成为现代工业发展的据点。因此，这类城市是以经济职能为主的城市，且依据制成品原料采集、加工和流通三大环节，又可细分为矿业城市、加工业城市和流通城市。流通城市由于对现代交通的依赖性，对行政中心的依附性，可划为另一类城市。

2. 作为社会实体的城市

在我国城市体系中，城市作为社会实体，3 000 多年来形成一个自上而下的行政管理系统，以及相互之间的文化、社会活动，也就具有显著的政治职能和文化职能。这种强有力的政治（行政）职能对其经济、文化的发展影响巨大，具有相当明显的地域中心作用。因此，我们将其划分为以行政职能为主的综合性城市，其中包括全国性、区域性和地方性 3 个层次。值得指出的是，随着我国以城市为中心的经济网络的形成和"市带县"管理体制的全面铺开和落实，这类以行政为主的综合性城市职能将逐步向以行政—经济职能（或经济—行政职能）为主转化，而且将进一步得到发展，成为我国城市体系中的中坚部分。

3. 作为物资实体的城市

在我国城市体系中，城市作为物资实体，不仅是物资（商品）的生产者，也是消费者。人们的经济活动与城市之间的商品交流和流通发生紧密联系，城市必然具有交通和流通的职能。自先秦以来，我国城市体系内这类城市即有所发展。至近代，由于轮船、铁路、公路等交通方式的发展，交通型和流通型城市已成为我国现代城市体系对外开放、物资和"能量"交流的所在。根据城市体系内各城市对交通方式的不同依赖性，可将这类城市划分为以交通职能为主和以流通职能为主的两种城市。

此外，在我国城市体系内，由于特定的地理位置及不同的历史发展基础，还有一批有特殊职能的城市（镇），如旅游城市（含历史文化名城）、科学城等以文化职能为主的城市。

根据我国城市现状特征，我国城市职能可以划分为表 4-1 所示几种基本类型。

表 4-1　我国城市基本职能类型

地域主导作用	城市基本职能类型	
以行政职能为主的 综合性城市	行政中心城市	全国性中心城市
		区域性中心城市
		地方性中心城市

续表

地域主导作用	城市基本职能类型	
以交通职能为主的城市	综合交通枢纽城市	水、陆、空综合运输枢纽城市
		水、陆运输枢纽城市
		陆、空运输枢纽城市
	部门交通性城市	铁路枢纽城市
		港口城市
		公路枢纽城市
	口岸城市	水运口岸城市
		空运口岸城市
		陆运口岸城市
以经济职能为主的城市	矿业城市	煤矿城市
		石油工业城市
		有色金属矿业城市
		非金属矿业城市①
	工业城市	钢铁工业城市
		化学工业城市
		建材工业城市
		机械（含电子）工业城市
		食品工业城市
		纺织工业城市
		林业城市
		轻工业城市
以流通职能为主的城市	贸易中心城市	地方贸易中心城市
		对外贸易中心城市
以文化职能为主的城市	旅游城市	专门旅游城市（风景型、文化型）
		转型旅游城市
		综合旅游城市

4.3　城市性质

城市性质是指城市在一定地区、国家以至更大范围内的政治、经济与社会发展中所处的地位和担负的主要职能，由城市形成与发展的主导因素的特点所决定，由该因素组成的基本部门的主要职能所体现。城市性质关注的是城市最主要的职能，是对主要职能的高度概括。

---

① 注：非金属矿业城市不包括煤矿城市和石油城市。

　　城市性质是城市发展方向和布局的重要依据。在市场经济条件下，城市发展的不确定因素增多，确定城市性质除了要对城市发展的条件、区域的分工、有利的因素进行充分分析外，还应充分认识城市发展的不利因素，说明不宜发展的产业和职能，如水资源条件差的城市对发展耗水大的产业，将构成制约因素。

4.3.1 确定城市性质的意义

　　不同的城市性质决定着城市发展不同的特点。城市性质对城市规模、城市空间结构和形态以及各种市政公用设施的水平起着重要的指导作用。在编制城市总体规划时，确定城市性质是明确城市产业发展重点、确定城市空间形态以及一系列技术经济措施及其相适应的技术经济指标的前提和基础。明确城市的性质，便于在城市总体规划中把规划的一般原则与城市的特点结合起来，使规划更切合实际。

4.3.2 确定城市性质的方法

　　确定城市性质不能就城市论城市，不能仅仅考虑城市本身发展条件和需要，必须从城市在区域社会经济中的地位和作用入手进行分析，然后对分析结论加以综合，科学地确定城市性质。也就是说，应把城市放在一个大区域背景中进行分析，才能正确确定其性质。

　　确定城市性质，就是综合分析影响城市发展的主导因素及其特点，明确它的主要职能，指出它的发展方向。在确定城市性质时，必须避免两种倾向：一是将城市的"共性"作为城市的性质；二是不区分城市基本因素的主次，一一罗列，结果失去指导规划与建设的意义。

　　确定城市性质一般采用"定性分析"与"定量分析"相结合，以定性分析为主的方法。定性分析就是在进行深入调查研究之后，全面分析城市在经济、政治、社会、文化等方面的作用和地位。定量分析是在定性基础上对城市职能，特别是经济职能，采用一定的技术指标，从数量上去确定起主导作用的行业（或部门）。一般从三方面入手：一是分析起主导作用的行业（或部门）在全国或地区的地位和作用；二是分析主要部门经济结构的主次，采用同一经济技术标准（如职工人数、产值、产量等），从数量上分析其所占比重；三是分析用地结构的主次，以用地所占比重的大小表示。

4.3.3 我国城市性质分类

我国城市性质大体有以下几类：

1. 工业城市

工业城市以工矿业为主，工业用地及对外交通运输用地占有较大的比重。这类城市又可分为两类：

（1）多种工业的城市，如株洲、常州、沈阳、常州、黄石。

（2）单一工业为主的城市，包括：

①石油化工城市，如大庆、东营、玉门、茂名。

②森林工业城市，如伊春、牙克石等。

③矿业城市（采掘工业城市），如抚顺、淮南、六枝等。

④钢铁工业城市，如鞍山、攀枝花等。

2. 交通港口城市

交通港口城市往往是由于对外交通运输发展起来的，交通运输用地在城市中占有很大比重。

（1）铁路枢纽城市，如徐州、鹰潭、襄阳。

（2）海港城市，如天津塘沽、湛江、大连、秦皇岛。

（3）内河港埠城市，如宜昌、九江。

（4）水陆交通枢纽城市，如上海、武汉。

3. 各级中心城市

各级中心城市一般都是省城及地区政府所在地，是省和地区的政治、经济、文教、科研中心。全国性的中心城市有北京、上海、天津等，地区性的中心城市主要是省会、自治区首府等。

4. 县城

县城是联系广大农村的纽带，是工农业物资的集散地，其工业多为利用农副产品加工和为农业服务的。这类城市在我国城市之中数量最多，是全县的政治、经济和文化中心。

5. 特殊职能的城市

特殊职能的城市，其职能具有与众不同的特征，具体可以划分为：

（1）革命纪念性城市，如延安、遵义、井冈山茨坪镇等。

（2）风景游览、休疗养为主的城市，如青岛、桂林、苏州、敦煌、北戴河、黄山、泰安等。

（3）边防城市，如二连浩特、黑河、凭祥等。

（4）经济特区城市，如深圳、珠海、厦门等。

城市性质应该体现城市的个性，反映其所在区域的经济、政治、社会、地理、自然等因素的特点（表4-2）。与城市的类型相对应，城市的性质并非一成不变，而是随着国家社会、政治、经济发展环境等外部条件的变化而相应调整，不断适应新形势的需要。如西安市第一次总体规划（1954—1972年）确定的城市性质是以轻型精密机械制造和纺织为主的工业城市；第二轮总体规划（1980—2000年）确定的城市性质是一座保持古城风貌，以轻纺、机械工业为主，科学、文教、旅游事业发达的社会主义现代化城市；第三轮总体规划（1995—2010年）确定的城市性质是世界闻名的历史名城，我国重要的科研、高等教育及高新技术产业基地，北方中西部地区和陇海兰新地带规模最大的中心城市，陕西省省会；第四轮总体规划（2008—2020年）确定的城市性质是陕西省省会，国家重要的科研、教育和工业基地，我国西部地区重要的中心城市，国家历史文化名城，并将逐步建设成为具有历史文化特色的现代城市。

表4-2　按城市性质划分的城市类型

城市类型	说明	举例
综合性中心城市	包括全国性的中心城市，如首都和地区性的中心城市、省会城市，作为我国行政管辖基础单位县政府所在地的县城通常也是所辖行政范围内的综合性中心城市	北京、上海、重庆等直辖市 济南、广州、长沙、南宁等省会城市或自治区首府城市

城市类型	说明	举例
产业城市	在以往城市分类中，工业城市常常被单独列为一类，但实际上随着城市经济中第三产业的迅速发展，商贸城市、旅游城市等以第三产业为主导的城市开始大量出现。其中，一部分城市中的产业结构以单一产业（尤其是工业）为主，而另一部分城市中的产业结构则呈多元化的态势，拥有数个主导产业	以单一工业为主的城市：大庆、东营（石油化工），淮南、鸡西（矿业城市） 多种工业的城市：常州、淄博、株洲等 工贸一体化城市：温州、台州等 以商贸为主的城市：义乌 以旅游业为主的城市：张家界、黄山等
交通枢纽城市	包括铁路枢纽城市、港口城市、空港城市等	铁路枢纽城市：徐州、郑州等 港口城市：大连、连云港（海港城市）、张家港、九江（内河港埠）
特殊职能城市	除以上所列类型的城市外，还有一些城市具有较独特的职能不便划分，所以单列为具有特殊职能的城市。例如，纪念性城市、边防城市等	纪念性城市：延安、遵义、井冈山等 边防、边贸城市：二连浩特、景洪等

城市的性质并非表示该城市的职能高度单一，只是反映出在城市的诸多职能当中，那些优势相对突出的主导职能，或者具有较大发展潜力，有待进一步培育的职能。总之，城市的性质点明了城市未来发展的总体方向，在相当一段时期内有其稳定性。

4.4　城市规模

城市规模一般包括城市的人口规模和用地规模，是指在一定规划期内城市人口和用地所达到（或需要控制）的数量。由于用地规模取决于人口规模，所以城市规划中需要估计远景及近期的城市人口规模。合理确定城市规模是科学编制城市总体规划的前提和基础，是市场经济条件下政府转变职能、合理配置资源、提供公共服务、协调各种利益关系、制定公共政策的重要依据，是城市规划与经济社会发展目标相协调的重要组成部分。

1989年制定的《中华人民共和国城市规划法》规定，大城市是指市区和近郊区非农业人口50万以上的城市，中等城市是指市区和近郊区非农业人口20万以上、不满50万的城市，小城市是指市区和近郊区非农业人口不满20万的城市。但是这部规划法已于2008年1月1日废止，而同时实施的《中华人民共和国城乡规划法》没有设定城市规模的条文。也就是说，目前我国尚未从立法的层面对大中小等城市规模概念进行定义。

2010年，由中国中小城市科学发展高峰论坛组委会、中小城市经济发展委员会与社会科学文献出版社共同出版的《中小城市绿皮书》依据目前我国城市人口规模现状，对划分界定大中小城市提出了新标准：市区常住人口50万以下的为小城市，50万～100万的为中等城市，100万～300万的为大城市，300万～1 000万的为特大城市，1 000万以上的为巨大城市（表4-3）。

表 4-3   城市规模一览表

城市等级		人口规模
巨大城市		1 000 万人以上
特大城市		500 万～1 000 万人
大城市	Ⅰ型大城市	300 万～500 万人
	Ⅱ型大城市	100 万～300 万人
中等城市		50 万～100 万人
小城市	Ⅰ型小城市	20 万～50 万人
	Ⅱ型小城市	20 万人以下

4.4.1   城市人口规模

城市人口规模就是城市人口总数。编制城市总体规划时，通常将城市建成区范围内的实际居住人口视作城市人口，即在建设用地范围中居住的户籍非农业人口、户籍农业人口以及暂住期在 1 年以上的暂住人口的总和。

城市人口的统计范围应与地域范围一致，即现状城市人口与现状建成区、规划城市人口与规划建成区要相互对应。城市建成区是指城市行政区内实际已成片开发建设、市政公用设施和公共设施基本具备的地区，包括城区集中连片的部分以及分散在城市近郊与核心有着密切联系、具有基本市政设施的城市建设用地（如机场、铁路编组站、污水处理厂等）。

1. 城市人口的构成

城市人口是在不断变化的，可以通过对一定时期内城市人口的年龄、寿命、性别、家庭、婚姻、劳动、职业、文化程度、健康状况等方面的构成情况加以分析，反映其特征。在城市总体规划中，需要研究的主要有年龄、性别、家庭、劳动、职业等构成情况。

年龄构成是指城市人口各年龄组的人数占总人数的比例。一般将年龄分成六组：托儿组（0～3 岁）、幼儿组（4～6 岁）、小学组（7～11 岁或 7～12 岁）、中学组（12～16 岁或 13～18 岁）、成年组（男：17 或 19～60 岁，女：17 或 19～55 岁）和老年组（男：61 岁以上，女：56 岁以上）（图 4-2）。了解城市人口年龄构成的意义体现为比较成年组人口与就业人数（职工人数）可以看出就业情况和劳动力潜力；掌握劳动后备军的数量和被抚养人口比例，对于估算人口发展规模有重要作用；掌握学龄前儿童和学龄儿童的数字和趋向是制定托、幼及中小学等规划指标的依据；判断城市的人口自然增长变化趋势；分析育龄妇女人口的年龄及数量是推算人口自然增长的重要依据。

性别构成反映男女之间的数量和比例关系，它直接影响城市人口的结婚率、育龄妇女生育率和就业结构。在城市总体规划工作中，必须考虑男女性别比例的基本平衡。

家庭构成反映城市的家庭人口数量、性别和辈分组合等情况，它对于城市住宅类型的选择、城市生活和文化设施的配置、城市生活居住区的组织等有密切关系。我国城市家庭存在由传统的复合大家庭向简单的小家庭发展的趋向。

劳动构成按居民参加工作与否，计算劳动人口与非劳动人口（被抚养人口）占总人口的比例；劳动人口又按工作性质和服务对象，分成基本人口和服务人口。基本人口是指在工业、交通运输以及其他不属于地方性的行政、财经、文教等单位中工作的人员，它不是由城

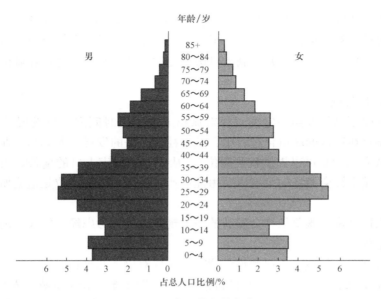

图 4-2　人口的年龄构成

市的规模决定的，相反，它对城市的规模起决定性的作用；服务人口是指在为当地服务的企业、行政机关、文化和商业服务机构中工作并随城市规模而变动的人员。被抚养人口是指未成年的、没有劳动力的以及没有参加劳动的人员。研究劳动人口在城市总人口中的比例，调查和分析现状劳动构成是估算城市人口发展规模的重要依据之一。

职业构成是指城市人口中社会劳动者按其从事劳动的行业（职业类型）划分各占总人数的比例。产业结构与职业构成的分析可以反映城市的性质、经济结构、现代化水平、城市设施社会化程度、社会结构的合理协调程度，是制定城市发展政策与调整规划定额指标的重要依据。在城市总体规划中，应提出合理的职业构成与产业结构建议，协调城市各项事业的发展，达到生产与生活设施配套建设，提高城市的综合效益。

2. 城市人口的变化

一个城市的人口始终处于变化之中，它主要受到自然增长与机械增长的影响，两者之和便是城市人口的增长值。

自然增长是指出生人数与死亡人数的净差值。通常以一年内城市人口的自然增加数与该城市总人口数（或期中人数）之比的千分率来表示其增长速度，称为自然增长率。

自然增长率 =（本年出生人口数 - 本年死亡人口数）/年平均人数 × 1 000‰

出生率的高低与城市人口的年龄构成、育龄妇女的生育率、初育年龄、人民生活水平、文化水平、传统观念和习俗、医疗卫生条件以及国家计划生育政策有密切关系，死亡率则受年龄构成、卫生保健条件、人民生活水平等因素影响。目前，我国城市人口自然增长情况，已由高出生、低死亡、高增长的趋势转变为低出生、低死亡、低增长。

机械增长是指由于人口迁移所形成的变化量，即一定时期内，迁入城市的人口与迁出城市的人口的净差值。机械增长的速度用机械增长率来表示，即一年内城市的机械增长的人口数对年平均人数（或期中人数）的千分率。

机械增长率 =（本年迁入人口数 - 本年迁出人口数）/年平均人数 × 1 000‰

人口平均增长速度（或人口平均增长率）是指一定年限内，平均每年人口增长的速度。根据城市历年统计资料，可计算历年人口平均增长数和平均增长率，以及自然增长和机械增长的平均增长数和平均增长率，并绘制人口历年变动累计曲线。这对估算城市人口发展规模有一定参考价值。

3. 城市人口规模预测

城市人口规模预测是按照一定的规律对城市未来一段时间内人口发展动态所做出的判断。其基本思路是在正常的城市化过程中，城市社会经济的发展，尤其是产业的发展对劳动力产生需求（或者认为是可以提供就业岗位），从而导致城市人口的增长。因此，整个社会的城市化进程、城市社会经济的发展以及由此而产生的城市就业岗位是造成城市人口增减的根本原因。

预测城市人口规模，既要从社会发展的一般规律出发，考虑经济发展的需求，也要考虑城市的环境容量等。

城市总体规划采用的城市人口规模预测方法主要有以下几种：

（1）综合平衡法：根据城市的人口自然增长和机械增长来推算城市人口的发展规模。该方法适用于基本人口（或生产性劳动人口）的规模难以确定的城市，需要历年来城市人口自然增长和机械增长方面的调查资料。

（2）时间序列法：从人口增长与时间变化的关系中找出两者之间的规律，建立数学公式来进行预测。这种方法要求城市人口要有较长的时间序列统计数据，而且人口数据没有大的起伏。该方法适用于相对封闭、历史长、影响发展因素缓慢的城市。

（3）相关分析法（间接推算法）：找出与人口关系密切、有较长时序的统计数据，且易于把握的影响因素（如就业、产值等）进行预测。该方法适用于影响因素的个数及作用大小较为确定的城市，如工矿城市、海港城市。

（4）区位法：根据城市在区域中的地位、作用来对城市人口规模进行分析预测。如确定城市规模分布模式的"等级—大小"模式、"断裂点"分布模式。该方法适用于城镇体系发育比较完善、等级系列比较完整的城市。

（5）职工带眷系数法：根据职工人数与部分职工带眷情况来计算城市人口发展规模。该方法适用于新建的工矿小城镇。

由于事物未来发展不可预知的特性，城市总体规划中对城市未来人口规模的预测是一种建立在经验数据之上的估计，其准确程度受多方因素的影响，并且随预测年限的增加而降低。因此，实践中多采用以一种预测方法为主，同时辅以多种方法校核来最终确定人口规模。某些人口规模预测方法不宜单独作为预测城市人口规模的方法，但可作为校核方法使用，如以下几种方法：

（1）环境容量法（门槛约束法）：根据环境条件来确定城市允许发展的最大规模。有些城市受自然条件的限制比较大，如水资源短缺、地形条件恶劣、开发城市用地困难、断裂带穿越城市、地震威胁大、有严重的地方病等。这些问题都不是目前的技术条件所能解决的，或是要投入大量的人力和物力，由城市人口增长而增加的经济效益低于扩充环境容量所需的成本，经济上不可行。

（2）比例分配法：即当特定地区的城市化按照一定速度发展，该地区城市人口总规模基本确定的前提下，按某一城市人口占该地区城市人口总规模的比例确定城市人口规模。在我国现行规划体系中，各级行政范围内城镇体系规划所确定的城市人口规模可看作按照这一方法预测的。

（3）类比法：通过与发展条件、阶段、现状规模和城市性质相似的城市进行对比分析，推测本城市人口规模。

4.4.2　城市用地规模

城市用地规模是指城市规划区内各项城市建设用地的总和，其大小通常依据已预测的城市人口以及与城市性质、规模等级、所处地区的自然环境条件相适应的人均城市建设用地指标来计算。

城市人口规模不同、城市性质不同，用地规模以及各项用地的比例也存在较大的差异。为了有效地调控城市规划编制中的用地指标，《城市用地分类和规划建设用地标准》（GB 50137—2011）将城市人均建设用地指标，根据现状人均城市建设用地规模、城市所在气候分区以及规划人口，按表4-4的规定综合确定。对于首都规划人均城市建设用地指标应在 105.1～115.0 m^2/人内确定；对于边远地区、少数民族地区以及部分山地城市、人口较少的工矿业城市、风景旅游城市等具有特殊情况的城市，应专门论证确定规划人均城市建设用地指标，且上限不得大于 150.0 m^2/人。

表 4-4　除首都以外的现有城市规划人均城市建设用地指标　　　　　m^2/人

气候区	现状人均城市建设用地指标	允许采用规划人均城市建设用地指标	允许调整幅度（规划人口规模）		
			≤20.0 万人	20.1 万～50.0 万人	>50.0 万人
Ⅰ、Ⅱ、Ⅵ、Ⅶ	≤65.0	65.0～85.0	>0.0	>0.0	>0.0
	65.1～75.0	65.0～95.0	+0.1～+20.0	+0.1～20.0	+0.1～+20.0
	75.1～85.0	75.0～105.0	+0.1～+20.0	+0.1～+20.0	+0.1～+15.0
	85.1～95.0	80.0～110.0	+0.1～+20.0	−5.0～20.0	−5.0～+15.0
	95.1～105.0	90.0～110.0	−5.0～+15.0	−10.0～+15.0	−10.0～+10.0
	105.1～115.0	95.0～115.0	−10.0～0.1	−15.0～−0.1	−20.0～−0.1
	>115.0	≤115.0	<0.0	<0.0	<0.0
Ⅲ、Ⅳ、Ⅴ	≤65.0	65.0～85.0	>0.0	>0.0	>0.0
	65.1～75.0	65.0～95.0	+0.1～+20.0	+0.1～20.0	+0.1～+20.0
	75.1～85.0	75.0～100.0	−5.0～+20.0	−5.0～+20.0	−5.0～+15.0
	85.1～95.0	80.0～105.0	−10.0～15.0	−10.0～+15.0	−10.0～+10.0
	95.1～105.0	85.0～105.0	−15.0～10.0	−15.0～+10.0	−15.0～+5.0
	105.1～115.0	90.0～110.0	−20.0～−0.1	−20.0～−0.1	−25.0～−5.0
	>115.0	≤110.0	<0.0	<0.0	<0.0

第 5 章

空间管制

5.1 空间管制的背景及发展

改革开放以来，我国经济快速增长，促进了城市与区域的发展，也滋生了一系列区域发展不协调问题。这不是简单的各地区经济总量之间的差距，而是人口、经济、资源环境之间的空间失衡。对亟待解决的区域协调发展问题，国家发展改革委、住房和城乡建设部等部门分别组织研究，形成了主体功能区规划（优化开发区、重点开发区、禁止开发区、限制开发区）和城市总体规划空间管制分区（禁建区、限建区、适建区、已建区）两套规划编制思路。

5.1.1 空间管制分区及其进展

1. 城市总体规划空间管制分区及其进展

目前我国实行城市总体规划空间管制的时间较短，尽管管制分区尚处于原则性划分阶段，但是城市总体规划的空间管制区划已经列入《中华人民共和国城乡规划法》中的强制性内容，法定地位明确。1990 年开始实施的《中华人民共和国城市规划法》曾将城市规划区定义为"城市市区、近郊区以及城市行政区域内因城市建设和发展需要控制的区域"。2006 年版《城市规划编制办法》规定城市总体规划按市域城镇体系规划需要划定城市规划区。据此，就大多数城市而言，城市总体规划的规划区范围已经拓展到全市域的范围。2008 年开始实施的《中华人民共和国城乡规划法》第 2 条明确规定：规划区是指城市、镇和村庄的建成区以及因城乡建设和发展需要，必须实行规划控制的区域。针对扩大了的城市规划区范围，为了有效地实施城市总体规划的空间管制，谭纵波提出要对城市规划区范围内的土地利用实施"全覆盖"式的面状规划控制。裴俊生撰文介绍在烟台市城市总体规划中，将城市规划区作为介于市域与市区的中间层面，划分为禁建区、限建区、适建区和已建区。安排建设用地、农业用地、生态用地和其他用地，为城市建设及村镇、农村居民点的布局提供依据。袁锦富建议在市域层面上划分禁建区、限建区、适建区三类空间。在中心城区层面上划分禁建区、限建区、适建区、已建区四类空间。金继晶计算出城市总体规划空间管制中的禁建区、限建区和适建区的适宜比例为 10%、75% 和 10% 左右，上下浮动不宜超过 5%。

2. 主体功能区规划空间管制区划及其进展

为落实"十一五规划"，国务院确定编制全国主体功能区规划，并于 2007 年 7 月发布《关于编制全国主体功能区规划的意见》（国发〔2007〕21 号），提出将国土空间划分为优化开发、重点开发、限制开发和禁止开发四类。要求确定主体功能定位、明确开发方向，控制开发强度、规范开发秩序、完善开发政策，逐步形成人口、经济、资源环境相协调的空间开发格局。2010 年 6 月，国务院常务会议审议通过《全国主体功能区规划》，在国家层面将国土空间划分为优化开发、重点开发、限制开发和禁止开发四类区域，并明确了各自的范围、发展目标、发展方向和开发原则。目前按照国家和省级两个层面进行主体功能区规划编制，市、县层面不进行主体功能区规划（图 5-1）

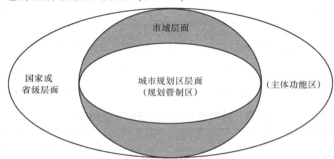

图 5-1　空间管制区关系分析

5.1.2　空间管制划分目的分析

城市总体规划按禁建区、限建区、适建区和已建区实施空间管制划分，主要是对用地空间开发行为进行限制、约束或引导，为科学合理地利用城市空间提供依据。主体功能区规划主要是依据资源环境承载能力、现有开发密度和发展潜力进行空间划分，并对开发秩序进行安排。例如，北京市依据市域内各区域资源环境承载力、开发密度、开发潜力等，对市域空间进行了主体功能区划，将市域空间划分为首都功能核心区、城市功能拓展区、城市发展新区和生态涵养发展区四类功能区。综上所述，主体功能区规划和城市总体规划空间划分都是以空间管制为目的，但因其空间管制的具体目标不同，两者在"区块功能"和"空间界限"上存在不一致性。主体功能区规划主要强调对国土空间的规划。管制是以资本、土地、劳动力、技术和政策等生产要素配置导引为基本原则；城市规划则是以用地功能确定为目标，为城市规划用地布局服务。

5.1.3　空间管制功能分析

1. 城市规划空间管制功能及其意义

2006 年版《城市规划编制办法》第 31 条规定：中心城区应该划分禁建区、限建区、适建和已建区，并制定空间管制措施。事实上，城市规划针对规划区的空间管制分区由来已久。在 2006 年版《城市规划编制办法》颁布前，城市规划编制也参照地理区划方法进行了

"优先发展区、控制发展区和限制发展区"的划分。起初名称为禁止建设区、调控建设区和宜建区。该办法实施后，基于管制分区的禁建区、限建区、适建区和已建区，"四区"划分逐步展开，并确定了相关区块的功能和含义（表5-1至表5-5）。划分"四区"旨在建立空间准入制度，确保城市规划的空间管制能有效实施。

表5-1 城市规划"四区"功能及其含义

类型	原则性规定	区块功能	法律规定
禁建区	作为生态培育、生态建设的首选地，原则上禁止任何城镇建设行为	包括具有特殊生态价值的生态保护区、自然保护区、水源保护地、历史文物古迹保护区等	必须永久性保持土地的原有用途
限建区	自然条件较好的生态重点保护地或敏感区	生态敏感区和城市绿楔	限制建设区应保持土地使用性质现状
适建区	城市发展优先选择的地区	除禁建区和限建区以外的地区	科学合理地确定开发模式、规模和强度
已建区	—	—	—

表5-2 禁建区划定类型细分与管制要求

分区	对应空间用地类型		管制要求
禁建区	水域		包括河流、湖泊、水库水面、禁止破坏水域的建设活动
	水源保护区（一级）		禁止新建扩建与供水设施和保护水源无关的建设项目；禁止向水域排放污水，已设置的排污口必须拆除；不得设置与供水无关的码头；禁止停靠船舶；禁止堆放和存放工业废渣、城市垃圾粪便和其他废弃物；禁止设置油库；禁止从事种植，放养禽畜，严格控制网箱养殖活动；禁止可能污染水源的旅游活动和其他活动
	自然保护区	核心区、缓冲区	禁止建设任何生产设施
		试验区	不得建设污染环境、破坏资源或者景观的生产设施
	基本农田保护区		基本农田保护区经依法划定后，任何单位和个人不得改变或占用。禁止任何单位和个人在基本农田保护区内建窑、建房、建坟、挖沙采石、采矿取土、堆放固体废弃物或者进行其他破坏基本农田保护区的活动
	风景名胜区		核心保护区内禁止任何建筑设施。以自然地形地物为分界线，其外围应有较好的缓冲条件。一级保护区内可以设置必需的步行游赏道路和相关设施，严禁建设与风景无关的设施，不得安排旅宿床位。二级保护区内可以建设少量旅宿设施，但必须限制与风景游赏无关的建设。三级保护区内有序控制各项建设与设施，并应与风景环境相协调
	地质灾害危险区		包括地面严重沉降区，地面裂缝危险区，崩塌、滑坡、泥石流、地面塌陷危险区。禁止城乡建设开发活动，加强植被建设
	森林公园、湿地公园		核心景区：除必要的保护和附属设施外，禁止建设宾馆、招待所、疗养院和其他工程设施。非核心景区：限制建设污染环境、破坏生态的项目和设施
	其他禁建		因防洪等要求禁建的地区

表 5-3 限建区划定类型细分与管制要求

分区	对应空间用地类型	管制要求
限建区	山体、森林	限制大型城镇建设项目，加强自然生态环境维护，允许设置一定的林业设施、旅游设施等，但控制其开发强度
	旅游度假区	限制城镇和村庄建设
	重要生态防护绿地	包括水域周边绿化防护用地、重大基础设施的防护走廊、功能性生态隔离用地，严格控制城镇和农村居民点建设
	地质灾害不利区	地质灾害危险性中等的地区，限制大型建设项目，控制开发建设比例
	一般农田	限制在本区域内进行各项非农建设
	蓄、滞洪区	限制建设非防洪建设项目。如需建设，需经过一定的建设程序申报批准
	发展备用地	控制预留发展备用地的开发建设，不得随意安排建设项目

表 5-4 适建区划定类型细分与管制要求

分区	对应空间用地类型	管制要求
适建区	城镇建设用地	将城镇建设限制在规划的建设用地范围内开展
	村庄建设用地	积极引导农村居民点建设在规划的集中建设的村庄
	重大基础设施走廊	预控发展空间，禁止其他建设占用

表 5-5 已建区划定类型细分与管制要求

分区	对应空间用地类型	管制要求	
已建区	城镇、村庄已建设区	结合规划用地布局，加强已建用地的调整优化。以内涵挖潜为主，充分利用现有建设用地和闲置用地	
	文化保护单位	保护范围	禁止建设新建筑
		建设控制地带	新建建筑物的高度、体量、色彩和形式应根据维护历史风貌的原则进行严格控制

2. 主体功能区规划空间管制功能及其意义

主体功能区规划是促进区域协调发展的一个新思路，主体功能区规划根据资源环境承载能力、现有开发密度和发展潜力，统筹考虑未来我国人口分布、经济布局、国土利用和城镇化格局，将国土空间划分为优化开发区、重点开发区、限制开发区和禁止开发区四类主体功能区（表5-6）。但是主体功能区实质是区域发展政策区，因此应明确主体功能区规划的基础性、指导性地位，否则主体功能区的空间指导和约束功能将不能得到充分体现，而且不同规划之间会产生新的冲突。主体功能区规划并不能"包治百病"，因此主体功能区规划必须与其他规划协调配合起来，共同对国土空间进行约束、调控与引导。

表 5-6　主体功能区区块功能理解

类型	区块功能	发展方向
优化开发区	开发密度较高，资源环境承载力有所减弱，是强大的经济密集区和较高的人口密集区	需改变依靠大量占用土地、大量消耗资源和大量排放污染实现经济较快增长的模式，把提高增长质量和效益放在首位，提升参与全球分工和竞争层次
重点开发区	资源环境承载能力较强，经济和人口集聚条件较好的区域	要充实基础设施，改善投资创业环境，促进产业集群发展，壮大经济规模，加快工业化和城镇化的发展，使本区域逐步成为支撑全国经济发展和人口集聚的载体
限制开发区	资源环境承载能力较弱，大规模集聚经济和人口的条件不够好，关系到全国或较大区域范围内生态安全的区域	要坚持保护优先，适度开发，点状发展，因地制宜发展资源环境可承载的特色产业，加强生态修复和环境保护，引导超载人口逐步有序转移，使本区域逐步成为全国或区域性的重要生态功能区
禁止开发区	依法设立的各级、各类自然文化保护区域以及其他需要特殊保护的区域	要依据法律法规和相关规划实行强制性保护，控制人为因素对自然生态的干扰，严禁不符合主体功能定位的开发活动

5.1.4　空间管制划分方法分析

1. 城市总体规划区划指标体系

城市总体规划对空间的约束主要是依靠红线、紫线、黄线、蓝线和绿线制度。2005—2006 年，北京市编制完成了《北京市限建区规划（2006—2020 年）》。该规划将北京市域内对规模化城镇、村庄及各类建设项目有限制条件的地区划定为"限建区"。限建区规划以充分保护自然资源、尽量避让灾害风险为原则，从资源和风险两个角度出发，将现状资源环境要素分成水、绿、文、地、环 5 组 16 类 56 个限建要素，建立了 110 个数据图层，摸清了现有城乡建设相关因素的底数（图 5-2）。

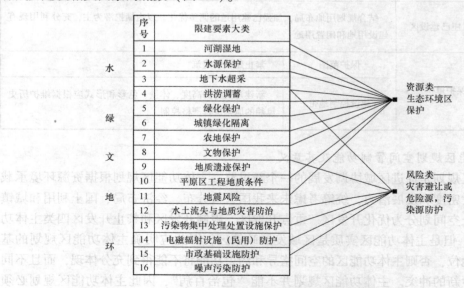

序号	限建要素大类	
水	1	河湖湿地
	2	水源保护
	3	地下水超采
	4	洪涝调蓄
绿	5	绿化保护
	6	城镇绿化隔离
文	7	农地保护
	8	文物保护
地	9	地质遗迹保护
	10	平原区工程地质条件
	11	地震风险
环	12	水土流失与地质灾害防治
	13	污染物集中处理处置设施保护
	14	电磁辐射设施（民用）防护
	15	市政基础设施防护
	16	噪声污染防护

资源类——生态环境区保护

风险类——灾害避让或危险源、污染源防护

图 5-2　北京市限建区规划的限建要素分类

2010 年进行的《长株潭绿心地区控制与发展规划研究》，根据保护与开发并重、保护优先的原则，最终确定形成禁建区、严格限建区、一般限建区、发展区和已建区五类分区（图5-3、表5-7）。

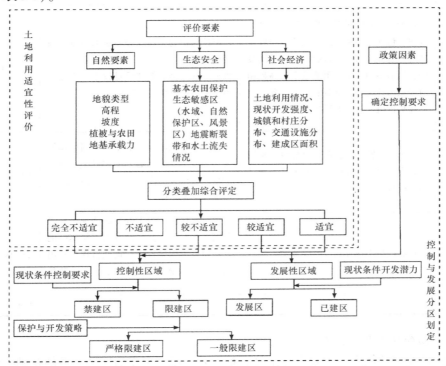

图5-3　长株潭绿心地区控制与发展分区划定技术路线

表5-7　长株潭绿心地区控制与发展分区

空间类型	划分依据	建设指引	面积/km²	所占比例/%
禁建区	高程在 200 m 以上且被集中连片的林地所覆盖的生态敏感区，坡度大于25%的山体；自然保护区及水源保护区，是长株潭绿心的核心地区和重点保护的生态地段，包含自然保护区、森林公园、风景名胜区、景观山体及湘江水系等	除生态建设、景观保护、土地整理和必要的公益设施建设外，不得进行其他项目建设，不得进行开山、爆破等破坏生态环境的活动	178.90	32.8
严格限建区	处于禁止开发区周边缓冲区范围内，包含土地利用适宜性评价中完全不适宜和不适宜建设的区域，该区域生态环境较好，地形多为山地，具备较高的保护价值，为禁止开发区的环境严格限建区	坚持保护为主，严格控制的原则，除生态农业、观光林业、自然保护区、风景名胜区少量服务性项目外，不得进行其他项目建设	117.13	21.5

续表

空间类型	划分依据	建设指引	面积 /km²	所占比例 /%
一般限建区	处于禁止开发区周边第二层缓冲区范围内，包含土地利用适宜性评价中较不适宜建设的区域，该区域生态环境较好，地形多为丘陵，用地基本为高程相对较低的林地和大部分农田，具备一定的保护价值，为一般限建区	坚持保护为主，综合控制的原则，该区域可以在一定限制下发展农业、旅游服务、博览会展等建设量较小，不会对生态格局造成影响的产业	167.30	30.7
发展区	处于较适宜建设区和适宜建设区范围内，在现状条件方面具备较大的开发潜力的区域	在保障长株潭绿心的整体空间架构及生态环境不受较大破坏的基础上，通过严格的评估审查认可后，可进行高品质，适度的开发建设	61.28	11.2
已建区	现状已集中连片建设的区域	可对该片区域内不合理的用地结构进行调整和完善，如对已占用了禁建区的现状建设用地采取将建设项目逐步迁出的方式，加强对禁建区内建设活动的管制	20.38	3.8
总计	—	—	544.99	100.0

2. 主体功能区划指标体系

功能区是地理学概念，主要思想是将联系加入均质性中作为区别区域的基础，强调区域内外联系，由此所引出的空间组织为观察社会不同层次的紧迫问题提供了有益的思路。也可以说，功能区是指基于不同区域的自然条件、资源禀赋、经济社会发展现状以及发展潜力等，将特定区域确定为特定功能类型的一种空间单元。传统功能区划以地域分异规律为指导，以定量与全覆盖区划为主，根据区域发展的统一性，区域空间的完整性和区域发展要素的一致性，逐级划分或合并地域单元，并按照从属关系建立地域等级系统，强调的是各组成部分的功能联系。主体功能区划是在上述功能区划方法上的创新，在自然区划、经济区划、地理区划的基础之上，更加重视对区域人口，经济、资源环境的综合分析评价，并且充分考虑特定区域在高一级区域经济、社会、生态发展中的地位和作用，由此划分出具有某种主导功能的区域单元。主体功能区主要是指类型区，强调的是同质性。根据中国科学院主体功能区规划研究课题组《全国主体功能区评价指标体系初步方案》，国家主体功能区划指标体系选择资源环境承载能力，现有开发密度和强度、发展潜力等方面的代表性指标，重点突出资源和环境方面的关键指标，体现资源环境对于经济和社会发展的约束（表5-8）。

表5-8　全国主体功能区评价指标体系

指标体系	具体含义
建设用地	采用适宜建设用地丰度指标进行衡量
可利用水资源	采用可开发利用水资源丰度指标进行衡量
环境容量	综合分析环境对人类活动干扰的承受能力

续表

指标体系	具体含义
生态敏感性	度量生态脆弱性程度的复合性指标
生态重要性	反映需要保护的特定动植物，以及水源、湿地、森林、草原、自然景观等特殊生态功能区
自然灾害	综合反映洪水、干旱、台风、地震、地面沉降等自然灾害频发程度
人口密度	每平方千米人口数量
土地开发强度	采用国土总面积中建设用地的比重指标
人均 GDP 及增长率	计算经济发展水平，直接反映开发密度、发展潜力，间接反映资源环境承载能力
交通可达性	综合评价某个区域到若干特指的不同影响力的中心城市的交通可达性
城镇化水平	人口城镇化的现状
人口流动	反映一个地区经济增长的活力、城镇化的状态以及就业的潜力
工业化水平或产业结构	反映工业化程度
创新能力	反映地区发展的创新能力
战略选择或区位重要度	用定性赋值的方式，区别国际化程度不同以及具有不同政策取向的区域

5.2　当前空间管制存在的问题

空间管制是一种对城市有限资源进行合理分配布置的方式，从而使城市的建设、经济、交通、环境等相互和谐，整个城市显得更整齐划一，不混乱。空间管制从无到有、从弱到强、从理念到行动，在规划体系中的地位逐渐受到肯定，而且在各地规划编制中得到广泛实践。目前我国从建设部门、国土部门、发改委部门和环保部门等分别对空间管制提出了控制和开发措施，导致我国城乡空间体系出现多规指引、多头管理等问题，造成土地资源浪费、空间管制难以落实等。

2014 年《国家新型城镇化规划（2014—2020 年）》明确提出"多规合一"，国家有关部委出台《关于开展市县"多规合一"试点工作的通知》等，掀起"多规合一"的热潮，积累大量规划实践，并取得一定的成效。但是由于空间管制体制的部分不够明确，也暴露出一些问题。在用地规模上，很多城市的总体规划所确定的用地得不到有效控制，所涉及的对应人口和用地指标所确定的方法，不符合实际。在用地规定上，缺乏选择性和灵活性。具体表现为，城市规划的安排用地往往过细，而且死板；在城市的土地使用方面，规划和利用土地之间出现了矛盾。城市规划相关部门习惯于站在城市的角度去考虑土地使用的问题，而土地管理部门所编制的用地却多从基本的农田保护角度上确定其功能，造成两者的不协调。

5.2.1　空间管制体系构建存在的问题

1. 层次性、阶段性的形成问题

空间管制是从国外引进的一种体系，其主要应用于国外的城市规划。由于我国正处于发展中，因此，很难一时有效地全面采用空间管制体系，这样我国在利用空间管制体系的过程中就要不断摸索，寻求与其体系匹配的城市，并制定完善的应用体系。然而，在不断摸索、不断改进的过程中，我国对于空间管制体系的概念并没有了解透彻，由于无法进行实践，从而导致我国对于空间管制体系存在的认识偏差，这不仅不利于我国对空间管制的应用，还限制了城市规划的发展。尤其是在当今社会背景下，如果我国不能加快了解和研究空间管制体系，则很难明确城市规划的目标，这样就会导致实际规划与预定目标不符，在城市规划不同层次、不同阶段，都会出现严重的问题。而要想解决这些问题，还需对后续规划工作进行适当的调整和总结。

2. 城市规划的方法存在问题

我国地大物博、人口众多，因此，在进行城市规划的过程中就十分容易受到外界因素的影响。由于不同地区人们的生活方式不同，所以，在城市规划时所采用的方法也应有所差别，这样才能达到城市规划的目的。调查显示，我国在进行城市区域规划时，经常会出现大量的问题，这主要是因为规划方法不同，导致规划效果也不尽相同，部分区域很难掌握正确的、符合当地情况的规划方法，从而使得整个规划过程缺乏逻辑性和秩序性。最主要的一点就是区域划分很难从层次上解决问题。这也就表明，一套完整的空间管制体系对于城市规划的重要性。

3. 政策制度没有发挥效果

在规划一个城市的过程中，不仅需要完善的空间管制指标，同时，还需要政策制度的配合，才能为城市规划建设打下稳定的基础。当前，我国对于城市规划政策的研究比较单一，仅仅从区域方面研究政策制度，而没有从整体布局以及其他方面分析，这样就使得所制定的政策制度在社会中无法发挥实际的作用；同时，政策制度也缺乏良好的灵活性。

以上问题都严重制约着城市规划，并且不利于我国对空间管制体制的研究。

5.2.2 各类空间管制规划之间的差异性

各部门依据不同法律法规、管理权限，编制不同的空间管制规划类型，使得空间管制在基本特征、管制内涵、管制范围等方面存在一定差异。

1. 空间管制基本特征存在差异

各类规划对空间管制在规划层级、空间范围、规划特性、划分目的、控制手段等方面进行不同定义。其中，城乡规划从全国、省、市（县）、乡（镇）、村庄五个等级对用地空间开发行为进行限制、约束或引导；土地规划从全国、省、市（县）、乡（镇）、村庄五个等级提出空间管制，控制国土建设开发规模、范围和界限；主体功能区规划从全国、省级两个等级对建设开发和环境资源的保护和合理利用提出管制要求；生态功能区划从全国、省级两个等级，保护和改善生活环境与生态环境。"多规"中空间管制分区基本特征见表5-9。

表5-9 "多规"中空间管制分区基本特征

规划名称	权属部门	法律条款	等级	空间范围	特性	划分目的	控制手段
城乡规划	住房和城乡建设部	《城乡规划法》	五级	全国、省、市（县）、乡（镇）、村庄	城市法定规划中的强制性内容	对用地空间开发行为进行限制、约束或引导	规划层面的调理和图则

续表

规划名称	权属部门	法律条款	等级	空间范围	特性	划分目的	控制手段
土地规划	原国土资源部	《土地管理法》	五级	全国、省、市（县）、乡（镇）、村庄	城市法定规划中的强制性内容	提出空间管制，控制国土建设开发规模、范围和界限	规划层面的调理和图则
主体功能区规划	发展和改革委员会	无	两级	全国、省	综合功能区划	建设开发和环境资源的保护和合理利用	财政、人口、土地、投资、环境、金融、政策、绩效评价等
生态功能区划	原环境保护部	《环境保护法》	两级	全国、省	专项功能区划	保护和改善生活环境与生态环境，防治污染和其他公害	自然和环境因子评价

2. 空间管制内涵界定不同

不同规划对空间管制的内涵界定不同。其中，城乡规划从"三区四线"，即禁建区、限建区、适建区、紫线、绿线、蓝线、黄线等方面提出管制要求；土地规划从禁止建设、限制建设区、有条件建设区和允许建设区等方面提出管制要求；主体功能区规划从优化开发区、重点开发区、限制开发区、禁止开发区等提出管制要求；生态规划主要提出优化准入区、重点准入区、限制开发区、禁止准入区等管制区。"多规"中空间管制分区内涵范围见表5-10。

表 5-10　"多规"中空间管制分区内涵范围

空间规划类型	城乡规划		土地规划		主体功能区规划		生态规划	
	名称	内涵	名称	内涵	名称	内涵	名称	内涵
空间管制分类	适建区	已经划定为城市建设发展用地的范围	允许建设区	城市建设用地规模边界所包含的范围	优化开发区	国土开发密度已经较高，资源环境承载能力开始减弱的区域	优化准入区	要强化污染物排放总量消减，确保环境功能达标，继续改善环境质量
	限建区	生态重点保护地区，根据生态、安全、资源环境等需要控制的地区，城市建设用地需要避让	有条件建设区	城乡建设用地规模边界之外、扩展边界以内的范围	重点开发区	资源环境承载能力较强，经济和集聚条件较好的区域	重点准入区	要严格控制新增污染物排放总量，新、改、扩建项目不得使区域环境功能类别下降
			限制建设区	辖区范围内除允许建设区、有条件建设区、禁止建设区外的其他区域	限制开发区	资源环境承载能力较弱	限制开发区	严格限制工业开发和城镇建设规模，禁止新建并严格限制扩建和改造造纸等污染较重的建设项目，不得增加区域污染物排放总量

空间规划类型	城乡规划		土地规划		主体功能区规划		生态规划	
	名称	内涵	名称	内涵	名称	内涵	名称	内涵
空间管制分类	禁建区	对生态、安全资源环境、城市功能等对人类有重大影响的地区	禁止建设区	具有重要资源、生态、环境和历史文化价值，必须禁止各类开发的区域	禁止开发区	依法设立的各级、各类自然文化保护区域以及其他需要特殊保护的区域	禁止准入区	严格实施强制性保护，严禁不符合生态环境功能定位的建设开发活动
	四线	城市绿线、黄线、蓝线、紫线	—	—	—	—	—	—

5.2.3　上下位规划空间管制之间的不协调

各类规划自成体系，对空间管制从不同层面，提出不同深度的管制要求，通过实践总结，判断国家与省级层面的衔接较弱，省级与市级层面的对接较好，但是在城乡规划中的市域与中心城区层面衔接差异较大。

1. 国家与省级层面的政策管制与管制分区的不协调

《全国城镇体系规划（2006—2020）》从两个层面对空间管制提出指引。在总体战略层面，提出实施空间管制战略，但是没有具体的区划内容。在省域指引层面，要求在城镇体系规划中深化和细化空间管制分区，明确具体的管制要求和控制开发引导。《全国土地利用总体规划纲要（2006—2020）》中加强对城乡建设用地的空间管制，重点对城镇工矿和农村居民点用地的扩展边界进行管控。在省级土地利用指引方面，确定基本农田保护面积等土地利用约束性指标，以及园地面积等预期性指标，并提出相应的管制政策。《全国主体功能区规划》中划定了优化开发区、重点开发区、限制开发区、禁止开发区四类主体功能区，并从国家层面明确各类主体功能区的功能定位、发展目标和开发原则等；对编制省级主体功能区规划提出相应要求。《全国生态功能区划》中划分为三个等级功能区，强化对生态空间的管制，其中确定3类31个生态功能一级区，9类67个生态功能二级区和216个生态功能三级区。

全国层面的各类规划除了主体功能区规划有较为明确的管制分区和要求之外，其他规划缺乏具体的管制分区和措施，对省域城镇体系规划的指导也非常有限，空间管制难以落实。

2. 省域与市（县）层面的管制分区衔接较好

省域与市（县）层面的管制分区衔接，以浙江省编制的各类规划为例进行分析。其中《浙江省城镇体系规划（2008—2020）》划分已建区、适建区、限建区和禁建区四类管制区，对各类管制区提出明确的管制要求。同时，各类管制区下包含各类管制要素。省域城镇体系规划的空间管制为强制性内容，并对规划提出划定对应管制界限的要求，明确管制范围内的控制、协调与引导等管理细则。《浙江省土地利用总体规划（2006—2020）》从开发建设和保护利用的角度，划分优化建设区、重点建设区、限制建设区和禁止建设区四个空间管制区，并对各管制区提出管制要求。《浙江省主体功能区规划（2010—2020）》以县为基本单元，划分优化开发区、重点开发区、限制开发区和禁止开发区等四类区域，并形成全省主体功能区布局。同时对各类功能区的范围、功能定位、开发方向、分区开发导向等提出要求。《浙江省生态功能区》划分为 6 个自然生态区（一级区）、15 个生态亚区（二级区）、47 个生态功能区（三级区），并在各县（市、区）划定 773 个禁止准入区、607 个限制准入区。

由于《省域城镇体系规划编制审批办法》等技术性文件的出台，以及具体的空间管制区的划定，省级层面对市（县）层面的空间管制的指导性较强。

5.2.4　环境保护利用规划严重滞后

不合理的土地利用和用地布局使城市用地结构和功能面临着严峻的挑战。具体表现为城市生态景观支离破碎、自然水系污染严重、生物栖息地和迁徙廊道遗失。随着城市社会经济的发展，城市用地的扩张和市政设施建设是不可避免的，但必须认识到，土地是一个完整的生命系统，是有结构的、有不同空间格局和不同生态功能的有机体。协调城市与生态系统的关系绝不是一个量的问题，更重要的是空间格局和质的问题。因此，当前城市规划的一个巨大挑战是：如何在有限的城市土地上，建立一个战略性的既能充分发挥每块土地利用价值又能为人们生活居住提供一个安全高效的生态环境，为城市留出足够的发展空间，以保护城市文化和构建安全的生态网络。

目前，城市规划在土地利用、道路交通和市政基础设施等方面考虑得比较科学，而对城市所处区域生态环境的整体保护显得比较苍白。往往只把城市污水处理达标、大气污染治理、城市垃圾处理等方面作为环境保护规划的主要内容。这种被动的补救式的规划方式，显然不能适应城市有机发展对生态环境的需求。城市应该是所在区域内整体生态系统中的有机组成部分，没有区域生态的和谐，就没有城市存在的基础环境保障。因此，仅从城市内部考虑是不能解决城市整体生态环境保护问题的。

5.3　空间管制对策

5.3.1　构建完整的空间管制体系

1. 明确空间管制体系的概念

一个明确的概念能增强人们对于空间管制体系的理解和认可。因此，在进行城市规划的过程中，我们要能从两个方面分析空间管制体系的概念和意义。一方面是从哲学方法研究空间管制体系，站在哲学的角度分析。空间管制体系具有全面性、层次性等特征，在整个城市规划中，空间管制起着指导作用，并且它是城市规划的核心，也就是说在应用空间管制时会与经济、文化、生态产生一定的联系和影响，空间管制的全面性为城市规划奠定了稳固的基础。层次性是城市规划的重要组成部分，伴随着时代的发展，越来越重要。而我国要想能将其进行分类，就要合理地利用空间管制的层次性规划范围，逐步地完善区域规划。社会是不断发展的，因而，在进行城市规划时要充分考虑其动态性，不断地结合时代变化的特征，及时关注城市规划的变化。另一方面要站在法理角度分析空间管制体系。我国是一个法治国家，任何事物都受到法律的保护，因此，在进行城市规划时，也要让法律发挥良好的作用，以法律为基础，构建一套完整的法律法规，进而能够做到针对不同规划问题提出合理的要求，这不仅是对我国城市规划的保障，还能维护城市秩序，从而提升空间管制体系的可靠性和实施性。

2. 确定空间管制体系应用的平台和核心

为了提高城市规划的建设效率，确保我国城市规划能较快完成，在应用空间管制体系的过程中，我国需要做到以两大层次为基础、三个阶段为平台、三项内容为核心构建空间管制体系，针对当前不同城市的变化和发展速度，根据其发展阶段，制定相同的管制目标，从而形成明确的层次性和阶段性，这样我们就能明确城市规划的重点和核心，进一步对城市规划加以指导和引领。与此同时，也要做到统筹兼顾，维护生态环境，这对社会而言具有良好的影响和促进作用。因此，我们需要确定空间管制体系应用的平台和核心，以提升城市规划速度和质量。

3. 加强对空间管制体系划分方法的转变

对于城市规划方法的转变，我国需要结合实际的规划状态对规划方法进行相应的调整，既要考虑城市的容量，也要及时地明确其原则，对区域进行合理地划分。尤其是在加强对空间管制体系划分方法转变的过程中，我国必须要加强管理和约束，提出明确的划分要求，按照高、中、低度进行划分。此外，对于不同层次的空间管制体系，也要采用适当的方法进行尺度区分。只有这样，才能加快规划方式的转型，也才能形成一个完整的规划体制。因此，我国必须要深入研究和探索新型的城市规划方案，并将先进的规划方法融入其中。

4. 制定完善的政策制度，大量支持空间管制体系

从整体对空间管制体系进行分析，我国需要采用适当的方法大力支持空间管制体系在城市规划中的应用。因此，我国需要制定完善的政策制度，并将其政策制度划分为两个方面：①空间性政策；②非空间性政策。我国需要在这两个方面的基础上对空间区域进行细分，并形成一种特殊的兼容政策，进而在一定程度上大力支持空间管制体系在城市规划中的应用。

5.3.2　加强资源的合理区划

对城市所在区域用地情况进行全面的资源评价，制定空间资源区划，确定分区发展和保护的区域；在空间资源区划基础上制定空间利用区划，并对各类区域从用地使用功能角度进一步划分，进而对各类功能区提出管制要求。

1. 加强空间资源区划

2006 年版《城市规划编制办法》原则性地规定了"禁建区、限建区、适建区和已建区"四大空间区划类型。但每个城市、每个地区的具体情况不同，考虑到分区的合理性和可操作性，规划时可以根据不同的现实情况和研究层面进行更为具体的划分。空间资源区划一般从城市及周边的地形地貌、地质水文、生态敏感区和土地利用现状四个方面对城市空间资源进行综合评价，并从宏观层面确定可供城市发展的空间和生态保护范围，从而引导城市建设在一定的合理空间内进行，并与城市生态保护相互协调。城市空间资源区划一般分为生态敏感区、生态缓冲区、开发控制区和强制控制区四个区域与编制办法规定相对应。后两者是城市的发展区域，生态敏感区是生态保护的范围，生态缓冲区为两者之间的过渡区域。

2. 强化土地利用区划

空间资源四级区划是从资源管理角度对城市整体空间使用做出的方向性规定，而土地利用区划是在空间资源区划的基础上确定用地的使用功能，以便指导具体的土地利用和建设。土地利用区划应坚持以下原则。

（1）协调原则：协调土地利用规划与城市总体规划，为宏观层面的城市空间管理提供理论支持；

（2）粗线条控制原则：在宏观尺度上对城市空间进行用途划分，不追求过于细致的分类，为土地使用留有一定的弹性和余地；

（3）强化控制原则：以有效保护环境和引导建设集中发展为目标，加强对非建设用地的管理与控制；

（4）生态优先原则：结合城市的自然和人文属性，按照保护自然生态环境和人文遗产优先原则实现城市的可持续发展。如对城市适建区内用地再次划分为工业集中区、商业中心区、居住区和城市公共绿地等，并对每个区域进行建设强度的规划控制。这种逐级划分和分层控制的规划思想解决了城市规划编制中用地规模确定缺乏弹性的问题。它在结合城市实际发展条件的基础上，提出用地规模的上限和下限范围及土地利用的最大范围，为城市发展对土地需求量的增长留出了弹性，在区域范围内协调了城市空间拓展与生态保护之间的矛盾。这种宏观意义上的空间管制方法在城市规划成果中的体现为：传统意义上的城市空间管制图（城市已建区、适建区、限建区和禁建区区划图）和城市用地开发强度控制图（容积率控制图、建筑密度和高度控制图、绿地率控制图等）。

5.3.3　加强对强制性要素的控制

城市规划强制性内容是在 2002 年建设部颁布施行的《城市规划强制性内容暂行规定》中提出的。强制性内容涉及区域协调发展、资源利用、环境保护、风景名胜资源保护、自然与文化遗产保护、公众利益和公共安全等方面，它们是正确处理城市可持续发展的重要保证。城市的强制性要素，既不同于强制性条文，也不同于强制性内容，它是对城市规划强制性内容中刚性最强的部分进行的提取，是对城市发展中各类空间要素的概括和总结，是保证城市安全、健康、可持续发展的重要因素，同时包含了强制性的要求和措施。

通过对城市规划相关法律法规、技术标准和实践经验的总结，从众多的城市要素中选取最为重要的作为城市的强制性要素，并通过对各要素的评估（每一要素对城市发展影响力与作用力大小），筛选出以下四大类强制性要素：自然生态保护要素、文化遗产保护要素、基础设施要素和公共服务设施要素。针对不同的强制性要素，城市规划可以制定相应的管理办法或管制措施，而对于城市管理而言，微观的空间管制措施可以概括为控制线管理，将不同的强制性要素统一纳入空间控制线的控制管理之中，即为常规的六线控制图。传统的控制线规划图，往往只是简单地对每类要素进行宏观意义上的控制，强调每类强制性要素的重要性，多只有技术措施，而没有具体的刚性指标，缺乏可操作性，实施效果较差。因此，为加强城市空间管制效能，规划中的六线控制图必须进一步深化，规划成果必须要具体界定出每类控制线的范围、面积等刚性指标，而控制线内的每类指标可上下浮动，以体现出城市规划的弹性和与城市管理的适应性。

借鉴国内外空间管制的经验，例如，新加坡划定"三区、一线"的空间管制分区，广东省提出"四区、四线"的两级控制线体系，厦门市提出结构控制线和用地控制线的两层次控制线体系。考虑当前的规划编制体系，以及"多规合一"过渡阶段的实际情况，在生态本底优先、可操作性等原则基础上，提出管制分区、类型控制线和城市控制线三层空间管制体系，一方面适应当前的管制分区；另一方面为空间管制在各类规划和各层规划间的衔接奠定基础。

1. 基于资源共享的水平衔接

各部门之间的水平衔接，是空间管制衔接的关键。各部门首先需要统一思想，达成共识；其次要实现技术标准的统一、信息资源的共享；最后明确各个部门的管理权责。

（1）内容衔接。

①目标一致。各部门要落实区域、城市发展的重大决策部署，全面推进经济、文化、生态等文明建设，以"建立统一的空间规划体系，持之以恒加以落实"为目标，形成区域、省域、市域以及中心城区的空间结构等内容，作为各地区"多规合一"的战略指引。

②技术标准衔接。主要包含统一各类规划的划分方法、分区类型、图件比例尺以及地图系统坐标系。统一衔接的技术标准有助于在各类规划之间实现对接。

（2）资源信息共享。

①数据信息共享。要求各部门形成一个集自然资源、人口、经济、土地为一体的统一数据库，将这些数据作为规划基础，统一建设用地、耕地、生态环境用地等空间数据。

②信息平台统一。统一的信息管理平台可以实现统一的空间体系，完成"一张图"，奠定"多规合一"及空间管制的衔接基础。

（3）责权明晰。"多规合一"中的空间管制分区是一级控制线，参考国内外经验，可包括生态控制线、城市增长边界线、产业发展边界线。一级控制线根据各类功能，可细分为基本农田、自然保护区、风景名胜区、水源保护区、产业区、历史文化街区等，作为二级控制线。在二级控制线的基础上，结合各职能部门的管辖范围，明确空间类型、管理部门、责任主体，将统一的空间体系落实到各个部门，解决各类部门、各类规划之间的错位等问题。

2. 基于空间落实的垂直衔接

研究结合当前空间管制的等级及具体实践，在区域层面（国家、跨省城镇群）进行管制分区；在省域、市域层面进行分区管制和类型控制线；在中心城区进行城市控制线管制。

（1）区域管制分区。管制分区的目标是在遵循依法行政、明晰事权等原则下，重点针对区域规划提出相应的分级管制要求，以优化空间结构和改善环境质量。

（2）省域、市域分区管制。规划对接区域的管制要求，确定省域需要管制的空间要素，如生态环境（自然保护区、生态林地等）、重要资源（基本农田、水源地及其保护区、矿产资源密集地区等）、自然灾害高风险区和建设控制区（地质灾害高易发区、分滞洪区等）、自然和历史文化遗产（风景名胜区、历史文化名城名镇名村、地下文物埋藏区等）等，明确各类要素的空间管制范围。

在遵循依法划定、科学合理划分、强制性与引导性并存、因地制宜与便于管制执行、定性与定量相结合等原则上，基于生态敏感性和发展用地识别，或基于自然因素、社会经济因素、生态安全因素建立指标评价体系与权重划分禁建区、限建区和适建区。

在市域层面，细化省域划分的管制分区和类型控制线，进行具体的坐标定位，实现省级向市级城乡全覆盖的空间管制过渡。

（3）中心城区城市控制线管制。在中心城区的管辖范围内，依据空间管制分区和类型控制线，结合控制线的各类职能，对接控制性详细规划中空间管制的内涵和要求，构建以红线、绿线、蓝线、黄线等为主的城市控制线管制，并对空间资源的具体控制和管制要求，实现空间管制在中心城区层面的落实。

3. 基于统一管理的政策衔接

（1）完善法律法规。要保障"多规合一"下空间管制的有效落实，离不开法律法规的有力支撑。首先，实现"多规合一"的法律效力，规范规划编制与审批的要求；其次，实现空间管制政策措施的统一，制定法制化、制度化的空间管制管理规定，实现空间政策化，政策法制化。

（2）建立协作机制。进行行政机构改革，建议由同一个部门来组织编制"多规合一"。对目前部门分割的体系下，在过渡时期将涉及空间发展规划、项目立项、建设管理、生态保护等职能分设在各专业部门。

5.4　案例实践

案例：某市城市总体规划（2015—2030）

5.4.1　各空间区划的管制要求

1. 生态空间

在生态空间区域内，要坚持严格保护的原则，即生态空间内的建设用地总量不增加，且禁止建设对生态空间有影响的工业、采矿业等项目。

2. 农业空间

在农业空间区域内，要坚持生态优先的原则，协调城市发展与生态保护的关系，保障基本农田，坚持耕地占补平衡，加强耕地防灾建设力度，通过水土流失治理、农田水利建设、地质灾害防治等措施，减少自然灾害损毁耕地数量。同时保护好现在的河网结构，对河道进行梳理，控制水体污染源并加强农村污水处理，对其间的林地应禁止乱砍滥伐，保护田、水、林相间的农业空间，可适度开发乡村旅游、农业观光等生态旅游活动。

3. 城镇空间

对于城镇空间区域，在开发和建设过程中，必须加强城市生态建设，重点处理好经济发展与环境保护的关系。要着重保护区域内现状的生态空间，如绿地、河流、湿地等，加强线性生态廊道的建设，构建生态网络。同时加强城市景观建设，合理配置公园绿地，完善城市游憩休闲功能，发展生态工业、生态农业和生态旅游业，强调城市人工生态与自然生态的协调发展。

5.4.2　生态红线和生态红线区管控

1. 一级生态红线

一级生态红线是具有重要生态服务功能，对某市人居环境具有重要意义，需要进行重点生态保护和维护的区域。其主要包括相关规划中划定的大熊猫自然保护区、风景名胜区、文化遗产保护区、地质公园、森林公园的核心区、饮用水保护区的一级保护区，以及地质灾害频发、频受洪水淹没等区域。另外，为构建"一脉四片六廊六点"的生态安全格局，以及为形成全市域的重要生态网络结构，需要将其他在空间格局上具有重要生态意义的廊道结构划入一级生态红线区内，包括南北走向的襄渝铁路两侧的生态走廊以及主要河流生态廊道，包括渠江、胡家河、清溪河和临溪河等，对于此区域应在现状生态条件的基础上进行适当的生态建设。在进行市域空间管制的划定时应将一级生态红线保护区全部纳入禁止建设区内进行严格管控。

2. 二级生态红线

二级生态红线是生态敏感性高，具有比较重要的自然生态服务功能，需要对其进行必要的控制，以保障生态健康持续发展。其主要包括地形条件复杂，植被覆盖度高的区域，以及相关规划中划定的大熊猫自然保护区、风景名胜区、文化遗产保护区、地质公园、森林公园的一般区域，以及饮用水保护区的二级保护区。在进行市域空间管制的划定时应将二级生态红线保护区全部纳入限制建设区内进行严格管控。

第6章

中心城区现状

6.1 现状调查

6.1.1 现状调查的内容

1. 资料调查

（1）区域环境的调查。区域环境在不同的城市规划阶段指不同的地域。

①城市总体规划阶段，区域环境指城市与周边发生相互作用的其他城市和广大农村腹地所共同组成的地域范围。

②详细规划阶段，区域环境指与所规划地区发生作用的城市内的周边地区。

无论是总体规划还是详细规划，都要将所规划的城市或地区纳入更为广阔的范围，才能更加清楚地认识所规划的城市或地区的作用、特点及其未来发展潜力。

（2）历史文化环境的调查。历史文化环境的调查，首先要通过对城市形成和发展的过程进行调查，把握城市发展的动力以及城市形态演变的动因。其中城市的经济、社会和政治状况的发展演变是城市发展最重要的决定因素。城市的特色和风貌体现在两个方面：

①社会环境方面。这是城市中的社会生活和精神生活的结晶，体现了当地经济发展水平和当地居民的习俗、文化素养、社会道德和生活情趣等。

②物质方面。表现在历史文化遗产、建筑形式与组合、建筑群体布局、城市轮廓线、城市设施、绿化景观以及市场、商品、艺术、文物和土特产等方面。

（3）自然环境的调查。自然环境是城市生存和发展的基础，不同的自然环境对城市的形成起着重要的作用。不同的自然条件影响决定了城市功能组织、发展潜力、外部景观（南方城市与北方城市、平原与山地、沿海与内地）。环境的变化也会导致城市发展的变化，如自然资源的开采和枯竭，会导致城市的衰败。在自然环境的调查中，主要涉及以下几个方面：

①自然地理环境因素。包括地理位置、地理环境、地形地貌、工程地质、水文地质和水

文条件等。

②气象因素。包括风向、气温、降雨、太阳辐射等。

③生态因素。包括城市及周边地区的野生动植物种类与分布、生物资源、自然植被、园林绿地、城市废弃物的处置对生态环境的影响等。

（4）社会环境的调查。主要包括两方面：

①人口方面。主要涉及人口的年龄结构、自然变动、迁移变动和社会变动。

②社会组织和社会结构方面。主要是构成城市社会各类群体以及它们之间的相互关系，包括家庭模式、家庭生活方式、家庭行为模式以及社区组织等。此外，还有政府部门、其他公共部门及各类企事业单位的基本情况。

（5）经济环境的调查。城市经济环境调查包括以下四个方面：

①城市整体的经济状况。如城市经济总量及其增长变化情况、城市产业结构、工农业总产值及各自的比重以及当地资源状况、经济发展优势和制约因素等。

②城市中各产业部门的状况。如工业、农业、商业、交通运输业、房地产业等。

③有关城市土地经济方面的状况。包括土地价格、土地供应潜力与供应方式、土地的一级市场与二级市场及其运作、房地产市场的概况等。

④城市建设资金的筹资、安排与分配。其中既涉及城市政府公共项目的资金的运作，也涉及私人资金的运作，以及政府吸引国内外资金从事城市建设的政策与措施。需要调查历年城市公共设施、市政设施的资金来源、投资总量以及资金安排的程序与分布等。

（6）城市土地使用的调查。按照国家《城市用地分类与规划建设用地标准》（GB 50137—2011）所确定的城市土地使用分类，对规划区范围的所有用地进行现场踏勘调查，对各类土地使用的范围、界限、用地性质等在地形图上标注。在详细规划阶段，还应对地上、地下建构筑物等情况进行调查，完成土地使用的现状图和用地平衡表。

（7）城市道路与交通设施调查。

（8）城市园林绿化、开敞空间及非城市建设用地调查。

（9）城市住房及居住环境调查。

（10）市政公用工程系统调查。市政公用工程系统调查主要包括给水、排水、供热、供电、燃气、环卫、通信设施和管网的基本情况，以及水源、能源供应状况和发展前景。

（11）城市环境状况调查。包括两个方面数据：一方面是有关城市环境质量的监测数据（如气、水质、噪声等方面）；另一方面是工矿企业等主要污染源的污染物排放监测数据。

2.用地调查

在现场勘测阶段，按照《城市用地分类与规划建设用地标准》（GB 50137—2011）所确定的城市用地分类，对规划区范围的所有用地进行现场踏勘调查，对各类土地使用的范围、界限、用地性质等进行实地调查和实物调查，在地形图上进行标注，编制现状分析图和用地计算表。若现有资料精度不够或不完整或与现状有出入，则必须进行补绘。

按照《城市用地分类与规划建设用地标准》（GB 50137—2011），城市用地按大、中、小类三级进行划分，以满足不同层次规划的要求。城市建设用地共分为8大类、35中类、42小类。一般而言，城市总体规划阶段以达到中类为主。城市用地分类标准见表6-1。

表 6-1　城市用地分类标准

类别代码			类别名称	范围
大类	中类	小类		
R			居住用地	住宅和相应服务设施的用地
	R1		一类居住用地	公用设施、交通设施和公共服务设施齐全、布局完整、环境良好的低层住区用地
		R11	住宅用地	住宅建筑用地、住区内城市支路以下的道路、停车场及其社区附属绿地
		R12	服务设施用地	住区主要公共设施和服务设施用地，包括幼托、文化体育设施、商业金融、社区卫生服务站、公用设施等用地，不包括中小学用地
	R2		二类居住用地	公用设施、交通设施和公共服务设施较齐全、布局较完整、环境良好的多、中、高层住区用地
		R20	保障性住宅用地	住宅建筑用地、住区内城市支路以下的道路、停车场及其社区附属绿地
		R21	住宅用地	
		R22	服务设施用地	住区主要公共设施和服务设施用地，包括幼托、文化体育设施、商业金融、社区卫生服务站、公用设施等用地，不包括中小学用地
	R3		三类居住用地	公用设施、交通设施不齐全，公共服务设施较欠缺，环境较差，需要加以改造的简陋住区用地，包括危房、棚户区、临时住宅等用地
		R31	住宅用地	住宅建筑用地、住区内城市支路以下的道路、停车场及其社区附属绿地
		R32	服务设施用地	住区主要公共设施和服务设施用地，包括幼托、文化体育设施、商业金融、社区卫生服务站、公用设施等用地，不包括中小学用地
A			公共管理与公共服务用地	行政、文化、教育、体育、卫生等机构和设施的用地，不包括居住用地中的服务设施用地
	A1		行政办公用地	党政机关、社会团体、事业单位等机构及其相关设施用地
	A2		文化设施用地	图书、展览等公共文化活动设施用地
		A21	图书展览设施用地	公共图书馆、博物馆、科技馆、纪念馆、美术馆和展览馆、会展中心等设施用地
		A22	文化活动设施用地	综合文化活动中心、文化馆、青少年宫、儿童活动中心、老年活动中心等设施用地
	A3		教育科研用地	高等院校、中等专业学校、中学、小学、科研事业单位等用地，包括为学校配建的独立地段的学生生活用地
		A31	高等院校用地	大学、学院、专科学校、研究生院、电视大学、党校、干部学校及其附属用地，包括军事院校用地
		A32	中等专业学校用地	中等专业学校、技工学校、职业学校等用地，不包括附属于普通中学内的职业高中用地

类别代码			类别名称	范围
大类	中类	小类		
A	A3	A33	中小学用地	中学、小学用地
		A34	特殊教育用地	聋、哑、盲人学校及工读学校等用地
		A35	科研用地	科研事业单位用地
	A4		体育用地	体育场馆和体育训练基地等用地，不包括学校等机构专用的体育设施用地
		A41	体育场馆用地	室内外体育运动用地，包括体育场馆、游泳场馆、各类球场及其附属的业余体校等用地
		A42	体育训练用地	为各类体育运动专设的训练基地用地
	A5		医疗卫生用地	医疗、保健、卫生、防疫、康复和急救设施等用地
		A51	医院用地	综合医院、专科医院、社区卫生服务中心等用地
		A52	卫生防疫用地	卫生防疫站、专科防治所、检验中心和动物检疫站等用地
		A53	特殊医疗用地	对环境有特殊要求的传染病、精神病等专科医院用地
		A59	其他医疗卫生用地	急救中心、血库等用地
	A6		社会福利设施用地	为社会提供福利和慈善服务的设施及其附属设施用地，包括福利院、养老院、孤儿院等用地
	A7		文物古迹用地	具有历史、艺术、科学价值且没有其他使用功能的建筑物、构筑物、遗址、墓葬等用地
	A8		外事用地	外国驻华使馆、领事馆、国际机构及其生活设施等用地
	A9		宗教设施用地	宗教活动场所用地
B			商业服务业设施用地	各类商业、商务、娱乐康体等设施用地，不包括居住用地中的服务设施用地以及公共管理与公共服务用地内的事业单位用地
	B1		商业用地	各类商业经营活动及餐饮、旅馆等服务业用地
		B11	零售商业用地	商铺、商场、超市、服装及小商品市场等用地
		B12	农贸市场用地	以农产品批发、零售为主的市场用地
		B13	餐饮业用地	饭店、餐厅、酒吧等用地
		B14	旅馆用地	宾馆、旅馆、招待所、服务型公寓、度假村等用地
	B2		商务用地	金融、保险、证券、新闻出版、文艺团体等综合性办公用地
		B21	金融保险业用地	银行及分理处、信用社、信托投资公司、证券期货交易所、保险公司，以及各类公司总部及综合性商务办公楼宇等用地
		B22	艺术传媒产业用地	音乐、美术、影视、广告、网络媒体等的制作及管理设施用地
		B29	其他商务设施用地	邮政、电信、工程咨询、技术服务、会计和法律服务以及其他中介服务等的办公用地

类别代码			类别名称	范围
大类	中类	小类		
B	B3		娱乐康体用地	各类娱乐、康体等设施用地
		B31	娱乐用地	单独设置的剧院、音乐厅、电影院、歌舞厅、网吧以及绿地率小于65%的大型游乐等设施用地
		B32	康体用地	单独设置的高尔夫练习场、赛马场、溜冰场、跳伞场、摩托车场、射击场，以及水上运动的陆域部分等用地
	B4		公用设施营业网点用地	零售加油、加气、电信、邮政等公用设施营业网点用地
		B41	加油加气站用地	零售加油、加气以及液化石油气换瓶站用地
		B49	其他公用设施营业网点用地	电信、邮政、供水、燃气、供电、供热等其他公用设施营业网点用地
	B9		其他服务设施用地	业余学校、民营培训机构、私人诊所、宠物医院等其他服务设施用地
M			工业用地	工矿企业的生产车间、库房及其附属设施等用地，包括专用铁路、码头和附属道路、停车场等用地，不包括露天矿用地
	M1		一类工业用地	对居住和公共环境基本无干扰、污染和安全隐患的工业用地
	M2		二类工业用地	对居住和公共环境有一定干扰、污染和安全隐患的工业用地
	M3		三类工业用地	对居住和公共环境有严重干扰、污染和安全隐患的工业用地（需布置绿化防护用地）
W			物流仓储用地	物资储备、中转、配送等用地，包括附属道路、停车场以及货运公司车队的站场等用地
	W1		一类物流仓储用地	对居住和公共环境基本无干扰、污染和安全隐患的物流仓储用地
	W2		二类物流仓储用地	对居住和公共环境有一定干扰、污染和安全隐患的物流仓储用地
	W3		三类物流仓储用地	存放易燃、易爆和剧毒等危险品的专用物流仓储用地
S			道路与交通设施用地	城市道路、交通设施等用地，不包括居住用地、工业用地等内部的道路、停车场等用地
	S1		城市道路用地	快速路、主干路、次干路和支路等用地，包括道路交叉口用地
	S2		轨道交通线路用地	独立地段的城市轨道交通地面以上部分的线路、站点用地
	S3		交通枢纽用地	铁路客货运站、公路长途客货运站、港口客运码头、公交枢纽及其附属设施用地
	S4		交通场站用地	静态交通设施用地，不包括交通指挥中心、交通队用地

大类	中类	小类	类别名称	范围
S		S41	公共交通场站用地	公共汽车、出租汽车、轨道交通（地面部分）的车辆段、地面站、首末站、停车场（库）、保养场等用地，以及轮渡、缆车、索道等的地面部分及其附属设施用地
		S42	社会停车场用地	公共使用的停车场和停车库用地，不包括其他各类用地配建的停车场（库）用地
	S9		其他交通设施用地	除以上之外的交通设施用地，包括教练场等用地
U			公用设施用地	供应、环境、安全等设施用地
	U1		供应设施用地	供水、供电、供燃气和供热等设施用地
		U11	供水用地	城市取水设施、水厂、加压站及其附属的构筑物用地，包括泵房和高位水池等用地
		U12	供电用地	变电站、配电所、高压塔基等用地，不包括各类发电设施用地
		U13	供燃气用地	分输站、门站、储气站、加气母站、液化石油气储配站、灌瓶站和地面输气管廊等用地
		U14	供热用地	集中供热锅炉房、热力站、换热站和地面输热管廊等用地
		U15	通信用地	邮政中心局、邮政支局、邮件处理中心等用地
		U16	广播电视用地	广播电视与通信系统的发射和接收设施等用地，包括发射塔、转播台、差转台、基站等用地
	U2		环境设施用地	雨水、污水、固体废物处理和环境保护设施及其附属设施用地
		U21	排水用地	雨水泵站、污水泵站、污水处理、污泥处理厂等设施及其附属的构筑物用地，不包括排水河渠用地
		U22	环卫用地	生活垃圾、医疗垃圾、危险废物处理（置），以及垃圾转运、公厕、车辆清洗、环卫车辆停放修理等设施用地
	U3		安全设施用地	消防、防洪等保卫城市安全的公用设施及其附属设施用地
		U31	消防用地	消防站、消防通信及指挥训练中心等设施用地
		U32	防洪用地	防洪堤、排涝泵站、防洪枢纽、排洪沟渠等防洪设施用地
	U9		其他公用设施用地	除以上之外的公用设施用地，包括施工、养护、维修设施等用地
G			绿地与广场用地	公园绿地、防护绿地、广场等公共开放空间用地
	G1		公园绿地	向公众开放，以游憩为主要功能，兼具生态、美化、防灾等作用的绿地
	G2		防护绿地	具有卫生、隔离和安全防护功能的绿地
	G3		广场用地	以游憩、纪念、集会和避险等功能为主的城市公共活动场地

资料来源：《城市用地分类与规划建设用地标准》（GB 50137—2011）

6.1.2　主要调查方法

1. 现场踏勘

现场踏勘是城市总体规划调查最基本的手段，主要用于城市土地使用、城市空间结构等方面的调查，也用于交通量调查等。

2. 问卷调查

问卷调查是要掌握一定范围内大众意愿时最常见的调查形式。调查对象可以是某个范围内的全体人员，称为全员调查；也可以是部分人员，称为抽样调查。在城市总体规划工作中，由于时间、人力和物力的限制，通常更多地采用抽样调查而不是全员调查的形式。

问卷调查的最大优点是能够较为全面、客观、准确地反映群众的观点、意愿、意见等。

3. 访谈和座谈会调查

访谈和座谈会是调查者与被调查者面对面的交流。在总体规划中这类调查主要运用于下列几种状况：一是针对无文字记载的民俗民风、历史文化等方面；二是针对尚未形成的文字或对一些愿望与设想的调查；三是针对某些关于城市规划重要决策问题收集专业人士意见等。

4. 文献资料运用

城市总体规划相关文献和统计资料通常以公开出版的城市统计年鉴、城市年鉴、各类专业年鉴、不同时期的地方志等形式存在。这些文献及统计资料的特点：信息量大、覆盖范围广、时间跨度大、在一定程度上具有连续性可推导出发展趋势等。

6.2　现状分析

6.2.1　现状图的整理

1. 绘制现状分析图

现状分析图是编制总体规划工作的基础。现状分析图是把现状情况和存在的问题集中用图的形式表现出来。中心城区的现状图纸通常包括区位分析图、现状分析图、用地现状分析图、建筑分布和质量分析图等。

城市现状分析图的比例根据城市大小一般为1：5 000～1：25 000，大、中城市为1：10 000～1：25 000，小城市为1：5 000～1：10 000。值得注意的是，城市现状分析图编制中涉及的各项城市建设用地应按照《城市用地分类与规划建设用地标准》（GB 50137—2011）中的规定进行分类。大、中城市主要分类至用地类别中的大类，小城市用地分类以中类为主，有些用地可划分为小类。

根据现场踏勘的工作地图，通过计算机制图软件绘制城市建成区用地现状图。现状图精度要求都比较高，因为它直接影响规划师对城市用地发展的判断，是整个用地布局过程的重要依据。现状图绘制要点包括：根据图面内容多少适当组合单项；图例完整，采用标准图例；采用深颜色表现管线和设施；线条粗细、标注大小与图纸大小相配合；采用相同颜色线条较淡的底图。

2. 建立用地平衡表

在现状图数字化的基础上，根据各项用地，建立用地平衡表。在用地平衡表中应注意两点：一是居住、工业、公共设施、市政设施、交通类、绿化等用地划分以中类为主，部分划分到小类；二是城市建成区和城市规划建设区有农业特征用地的划分，如 E 类用地。现状用地平衡表见表6-2。

表6-2 现状用地平衡表

序号	用地代码	用地名称		面积/ha		占城市建设用地/%		人均/ (m² · 人⁻¹)	
				现状	规划	现状	规划	现状	规划
1	R	居住用地							
2	A	公共管理与公共服务用地							
		其中	行政办公用地						
			文化设施用地						
			教育科研用地						
			体育用地						
			医疗卫生用地						
			社会福利设施用地						
			文物古迹用地						
			外事用地						
			宗教设施用地						
3	B	商业服务业设施用地							
		其中	商业设施用地						
			商务设施用地						
			娱乐康体用地						
			其他服务设施用地						
4	M	工业用地							
5	W	物流仓储用地							
6	S	道路与交通设施用地							
7	U	公用设施用地							
8	G	绿地与广场用地							
		其中	公园绿地						
			防护绿地						
			广场						
总计		规划区范围用地				100	100		

资料来源：《城市用地分类与规划建设用地标准》（GB 50137—2011）

3. 用地计算原则

在城市用地计算中，要注意以下几个原则：

（1）根据《中华人民共和国城乡规划法》的规定，各城市在编制总体规划时必须规定城市规划区的范围，确定的原则应利于城市的合理发展和城市的管理，标准规定城市现状用地和规划用地均以城市规划区为统计范围。

（2）分片式布局的城市，是由几片组成的，且相互间隔较远，这种城市的用地计算（图6-1），应分片划定城市规划区，分别进行计算，再统一汇总。

某些城市也由几片组成，但相互间隔较近，可以作为一个城市规划区进行计算（图6-2）。市含县的城市，在县域范围内的各类城镇用地，包括县城建制镇，工矿区、卫星城等，一般不汇入中心城市用地之内，但若在县城范围内存在城市的重要组成部分或有重要影响的用地，如水源、机场等，可以汇入计算。现状用地按实际占用范围计算，而不是按拨地范围、设计范围、所有权范围等计算，规划用地按规划确定的范围计算，每块用地只能按其主要使用用性质计算一次，不得重复。总体规划用地计算的图纸比例尺不应小于1∶10 000，分区规划用地计算的图纸比例尺不应小于1∶5 000，在计算用地时，现状用地和规划用地应采用同一比例尺，保证同一精度。

城市用地计算，统一采用"公顷"为单位，考虑到实际能够量精度，1∶10 000图纸精确到个位数；1∶5 000图纸精确到小数点后一位；1∶2 000图纸精确到小数点后两位。

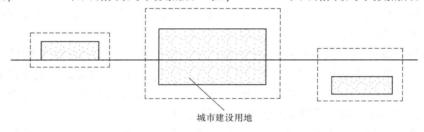

图6-1　城市建设用地的计算（一）

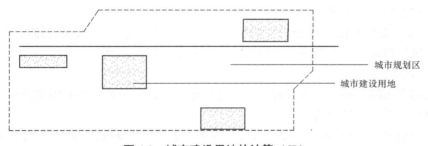

图6-2　城市建设用地的计算（二）

4. 编制现状分析图成果

以城市总体规划为例，中心城区现状的图纸内容见表6-3。

表6-3　中心城区现状分析图纸目录

图纸名称	表达内容
土地利用现状图	建成区界限、各类建设用地的规模与布局和存在的问题，中心城区现状用地计算表
居住现状	各类建筑的分布和质量分析

图纸名称	表达内容
公共设施现状	主要公共建筑的位置和规模
工业仓储现状	各类工业用地规模、主要企业类型、仓储用地的布点、用地面积及性质
道路现状	道路走向、宽度，对外交通及客货站、码头等位置
基础设施现状	水厂、供排水系统，水源地位置及保护范围； 供电、通信与其他公共工程设施； 固体废物、污水处理设施的位置、规模和占地范围
其他	其他对建设规划有影响的需要在图纸上表述的内容

6.2.2 基础资料的分析研究

1. 分析研究内容

（1）历史背景分析。通过对城市形成和发展过程的调查，了解和分析城市发展动力及空间形态的演变原因。

（2）自然条件与自然资源评价。对自然地质状况和自然灾害进行分析，对水、土地、矿产、自然风景等资源进行评价。

（3）经济基础分析。分析城市经济环境状况，如经济总量及其增长变化情况，第一产业、第二产业、第三产业的比例，各产业部门的经济状况、产业构成以及主导产业主要产品的地区优势，以及相对于当地资源状况而言的优势产业和未来发展状况。通过分析各产业部门的现状特点和存在问题，明确主导产业的发展方向。

（4）社会与科技发展前景分析。分析人口现状及变化趋势、劳动力状况和新生劳动力情况；分析科教事业费用占城市财政支出的比例、公共教育费用占城市 GDP 的比例、科技进步对农业增长的贡献率等。

（5）生态环境与基础设施分析。包括大气质量、水质、各类污染的排放和处理情况；绿化条件、风景资源、生态特征；基础设施状况及维护的重点等。

2. 分析研究方法

城市规划常用的分析研究方法有三类：定性分析、定量分析、空间模型分析。总体规划常用的是定性分析和定量分析。

（1）定性分析。定性分析方法有两类：因果分析法和比较法，它们常用于城市规划中复杂问题的判断。

①因果分析法：城市规划分析中牵涉因素繁多，未来全面考虑问题，提出解决问题的办法，往往先尽可能多地排列出相关因素，发现主要因素，找出因果关系，例如在确定城市性质时城市特点的分析，确定城市发展方向时城市功能与自然地理环境的分析等。

②比较法：在城市总体规划中还常常会碰到一些难以定量分析又必须量化的问题，对于这类问题常常使用比较法。在横向和纵向上选取各方面条件类似的参照物进行比较，从而在宏观上对城市做出定性分析，明确城市的区域地位、发展阶段和趋势等。

（2）定量分析。较之传统的基于经验和感性判断的定性描述，定量分析能更准确地表达客观现实状况，更加科学、准确、全面地把握城市现状、存在问题以及预测未来的发展趋势等。

定量分析包括横向分析和纵向分析两类。横向分析指不同城市、不同地区同类指标的比较；纵向分析指同一城市不同历史年代同一指标的分析。

3. 编写现状分析报告

按照上述现状调查小组的分工，根据现场调查的结果，以分析图、统计表和定性、定量分析的形式撰写调研分析报告，分类汇总第一手资料，小组之间并非完全独立，相互有交叉，分别在市域范围和中心城区范围内展开分析。要求文字清晰、资料详细、分析科学、图文并茂。具体而言，现状分析主要包括以下内容：

（1）自然地理，包括地理位置、自然环境条件、自然资源等。

（2）历史沿革。

（3）人口，包括人口概况、人口结构、人口综合增长变化趋势、城镇体系现状、城市化水平及其发展动力。

（4）综合经济，通过分析掌握城市社会经济基础、实力和发展前景，包括经济发展水平、经济发展潜力等。

（5）居住，包括居住分布、居住环境、居住配套、绿地系统等。

（6）公建，包括公建服务和配套情况与存在情况。

（7）道路交通，包括对外交通、道路交通状态、交通设施现状，存在的问题和发展意向等。

（8）市政设施，主要包括城市给水、污水、雨水、电力、电信等系统的分析，明确现状不足。

（9）环保环卫。

（10）综合防灾。

6.2.3　用地评定与选择

1. 用地评定

用地评定指对土地的自然环境，按照城市规划与建设的需要，进行土地使用的功能和工程的适宜程度，以及城市建设的经济性与可行性评估。通常将城市用地按优劣条件分为三类：适宜修建用地、基本适宜修建用地、不适宜修建用地（表 6-4、表 6-5）。

（1）一类用地，即适宜修建用地。

①地形坡度在 10% 以下，符合各项建设用地的要求。

②土质的地基承载力大于 15 t/m^2。

③地下水位低于建筑物、构筑物的基础，一般埋深 1.5 ~ 2 m。

④没有被百年一遇洪水淹没的危险。

⑤没有沼泽或采取简单的工程措施即可排除地面积水的地段。

⑥没有冲沟、滑坡、崩塌、岩溶等不良地质现象的地段。

（2）二类用地，即基本适宜修建用地。介于一类与三类用地之间（地基承载力为 10 ~ 15 t/m^2，地形坡度为 10% ~ 20%，地下水位埋深为 1 ~ 1.5 m）。

（3）三类用地，即不适宜修建用地。地基承载力小于 10 t/m^2，泥炭或流沙层大于 2 m；地形坡度大于 20%；洪水淹没经常超过 1 ~ 1.5 m；有冲沟、滑坡；占丰产田；地下水位埋深小于 1 m。

表6-4　城市自然条件分析一览表

自然环境条件	分析因素	对规划建设的影响
地质	土质、风化层、冲沟、滑坡、熔岩、地基承载力、地震、崩塌、矿藏	规划布局、建筑层数、工程地质、抗震设计标准、工程造价、用地指标、工程性质
水文	江河流量、流速、含沙量、水位、水质、洪水位、水温；地下水位、水质、水温、水压、流向；地面水、泉水	城市规模、工业项目、城市布局、用地选择、给排水工程、污水处理、堤坝、桥涵、港口、农田水利
气象	风向、日辐射、雨量、湿度、气温、冻土深度、地温	工业用地布局、居住环境、绿地、郊区、农业、工程设计与施工
地形	形态、坡度、坡向、标高、地貌、景观	规划布局与结构、用地选择、生态环境保护、道路网、排水工程、用地高程、水土保持、城市景观
生物	野生动植物种类、分布、生物资源、植被、生物环境	用地选择、环境保护、生态保护、绿化、郊区农副业、风景区规划

表6-5　城市建设适用地分类一览表

类别	地基承载力/ $(t \cdot m^{-2})$	地形坡度/%	地下水位（埋深）/m	洪水淹没程度	工程地质	其他
一类用地（适宜修建）	>15	<10	>2	在百年洪水位以上	没有不利情况	非农田用地
二类用地（基本适宜修建）	10～15	15～20	1～1.5	20～50年洪水位以上	有局部不利情况	局部条件不严重
三类用地（不适宜修建）	<10	>20	<1	10年洪水位以下	有较大冲沟、滑坡、岩溶等不利地质	其他限制条件，如矿产、文物、水源地等

2. 用地选择

（1）用地选择的原则。用地选择一般遵循如下原则：

①要满足工业、住宅、市政公用设施等项目建设对用地的性质、水文和地形等条件的要求，尽量减少工程准备的费用。

②要有足够数量适合建设需要的用地，并使城市有发展的可能。

③要有利于城市用地的合理布局和功能组织。

④要有利于基础设施配套建设及高效合理运行，形成方便、舒适、优美工作和居住环境。

⑤要有利于保护耕地，少占良田，使城乡一体化协调发展。

⑥要有利于城市的可持续发展及城市建设的分期实施。

⑦用地选择应对用地的工程地质条件做出科学的评估，要结合城市不同功能地域对用地

空间和环境质量的不同要求，尽可能减少用地的工程准备费用；注意保护环境的生态结构、原有的自然资源和水系脉络，要注意保护地域的文化遗产。

（2）用地发展方向的选择。

①影响因素。涉及城市用地发展方向的因素较多，可大致归纳为以下几种：自然条件、人工环境、城市建设现状与城市形态结构、规划及政策性因素、其他因素等。

②选择的步骤方法。在进行用地评定的基础上，综合以上因素的影响，进行用地发展方向的选择。一般按以下步骤和方法进行：

a. 对可供选择的用地进行综合评定，划分出不适宜进行修建的用地和适宜进行修建（包括采取城市用地工程准备措施后适宜建设）的用地范围。

b. 估算适宜进行建设用地满足城市建设需要的程度，通过对城市人口平均占有城市总用地的指标来估算总用地的需要量。

c. 在适宜修建的用地范围内选择工业、生活居住、对外交通等各项用地。此项工作要与城市功能分区结合进行，通常要提出若干方案进行比较。

d. 进行综合比较，选定合理可行的方案。

（3）中心城区增长边界分析。中心城区增长边界是指中心城区的建设发展可能达到的地方。在城市规模一定的情况下，城市总体规划所表述的城市建设用地范围是中心城区增长的一种边界，但也有其他可能的建设用地范围。城市各种建设可能达到的空间性即中心城区空间增长边界，它大于规划建成区范围，小于规划区范围。

城市增长边界的制定应以区域统筹、城乡统筹理论为基础进行研究，对城市所在区域的各种生长因素进行分析，在总体规划中体现城市增长边界的"区域性"和"可持续性"，体现其应有的技术和公共政策两方面的属性。应统筹分析区域内的各用地类型规划、区域重大基础设施等方面制约因素的影响，最终合理确定城市增长边界，避免在城市土地荒置及产业在整个地区的分散布局。

在划定城市增长边界时应统筹两方面的因素：自然环境的保护和城市发展规模预测。

①自然环境的保护。充分考虑区域的自然环境，利用 GIS 等技术对区域的生态环境容量及城市的生态适应性进行分析评价，跳出城市自身生长的小环境，划定城市增长边界的"刚性"边界，对城市的可建设用地及非建设用地进行明确划分。

②城市发展规模预测。根据动态发展的思想，在现阶段城市人均建设用地指标逐渐失效的情况下，以"生长"的理念对城市增长边界进行划定，在规划期内划定不同发展阶段的城市增长边界，完成对不同发展阶段的城市空间布局，保障城市空间布局的可持续性和合理性。如广州市在运用生态优先原则划定城市增长边界时，根据不同时期的人口预测确定了用地规模，在此基础上划分了不同发展状况下的城市增长边界，使规划具有较好的弹性。

（4）城市规划区的划定（图6-3）。城市建成区是指近城市市区、近郊区以及城市行政区域内因城市建设和发展需要实行规划控制的区域，城市规划区的具体范围，由城市人民政府在编制的城市总体规划中划定。

城市规划区是城市建设管理和规划需要控制的区域，城市规划区的界定主要考虑到以下几个方面的需要。

①满足城市建设用地总体布局的需要，满足规划期内和远景城市发展对城市建设用地的需要，保护好城市周围的景观环境，适当兼顾行政区划的完整性。

②充分考虑大型城市良好的生态环境、城市景观和旅游发展的需要。

③城市规划区划定，除包括城市总体规划建设和控制所需要用地外，应包括外围生态环境用地。

a. 城市规划建设用地：位于城市规划区中心，包括规划期内总体规划确定的各类城市建设用地。

b. 城市远景发展用地：规划期内，除了根据规划要求建设区域性城市基础设施外，不得建设永久性建设物，可作为林地和牧场使用。

c. 城区外围生态环境绿地：城市建设用地外围保留的河流、水系和林地。

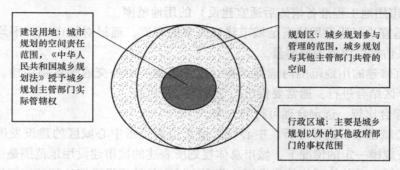

图 6-3　城市规划区的划定

3. 空间管制

详见第 5 章相关内容。

第 7 章

中心城区规划

7.1 中心城区规划总体介绍

7.1.1 中心城区规划的相关概念

城市中心城区是以城镇主城区为主体,并包括邻近各功能组团以及需要加强土地用途管制的空间区域;城市中心城区是城市开展政治、经济、文化等公共活动的中心,是城市居民公共活动最频繁、社会生活最集中的场所;城市中心城区是城市结构的核心地区和城市功能的重要组成部分,是城市公共建筑和第三产业的集中地,集中体现城市的经济社会发展水平,承担经济运作和管理职能;城市中心城区是城市形象精华所在和区域性标志,一般通过各种公共建筑与广场、街道、绿地等要素有机结合,充分反映历史和时代的要求,形成富有独特风格的城市空间环境,以满足居民的使用和观赏。

7.1.2 中心城区规划的内容

中心城区规划主要包括以下内容:

(1)分析确定城市性质、职能和发展目标。

(2)预测城市人口规模。

(3)划定禁建区、限建区、适建区和已建区,并制定空间管制措施。

(4)确定村镇发展与控制的原则和措施:确定需要发展、限制发展和不再保留的村庄,提出村镇建设控制标准。

(5)安排建设用地、农业用地、生态用地和其他用地。

(6)研究中心城区空间增长边界,确定建设用地规模,划定建设用地范围。

(7)确定建设用地的空间布局,提出土地使用强度管制区划和相应的控制指标(建筑密度、建筑高度、容积率、人口容量等)。

(8)确定市级和区级中心的位置和规模,提出主要的公共服务设施的布局。

（9）确定交通发展战略和城市公共交通的总体布局，落实公交优先政策，确定主要对外交通设施和主要道路交通设施布局。

（10）确定绿地系统的发展目标及总体布局，划定各种功能绿地的保护范围（绿线），划定河湖水面的保护范围（蓝线），确定岸线使用原则。

（11）确定历史文化保护及地方传统特色保护的内容和要求，划定历史文化街区、历史建筑保护范围（紫线），确定各级文物保护单位的范围；研究确定特色风貌重点保护区域及保护措施。

（12）研究住房需求，确定住房政策、建设标准和居住用地布局；重点确定经济适用房、普通商品住房等满足中低收入人群住房需求的居住用地布局及标准。

（13）确定电信、供水、排水、供电、燃气、供热、环卫发展目标及重大设施总体布局。

（14）确定生态环境保护与建设目标，提出污染控制与治理措施。

（15）确定综合防灾与公共安全保障体系，提出防洪、消防、人防、抗震、地质灾害防护等规划原则和建设方针。

（16）划定旧区范围，确定旧区有机更新的原则和方法，提出改善旧区生产、生活环境的标准和要求。

（17）提出地下空间开发利用的原则和建设方针。

（18）确定空间发展时序，提出规划实施步骤、措施和政策建议。

7.2 城市总体布局

城市布局指城市物质环境的空间安排，如城市功能分区、各区与自然环境（山、河、湖、绿化系统）的关系，以及主要交通枢纽、道路网络与城市用地的关系等。城市总体布局是城市社会、经济、自然条件以及工程技术与建筑艺术的综合反映，在城市性质和规模基本确定之后，在城市用地适宜性评定的基础上，根据城市自身的特点与要求，对城市各组成用地进行统一安排，合理布局，使其各得其所，并为今后的发展留有余地。城市总体布局的合理性，关系到城市经营的整体经济性，关系到城市长远的社会效益与环境效益。

7.2.1 城市总体布局的原则

1. 城乡结合，统筹安排

城市总体布局的综合性很强，要立足于城市全局，符合国家、区域和城市自身的根本利益和长远发展的要求。城市与周围地区有密切的联系，总体布局时应作为一个整体，统筹安排，同时还应与区域的土地利用、交通网络、山水生态相互协调。

2. 功能协调，结构清晰

城市是一个庞大的系统，各类物质要素及其功能既有相互关联、互补的一面，又有相互矛盾、排斥的一面。城市规划用地结构清晰是城市用地功能组织合理性的一个标志，它要求城市各主要用地功能明确，各用地之间相互协调，同时有安全便捷的联系，保障城市功能的整体协调、安全和高效运转。

3. 依托旧区，紧凑发展

城市总体布局在充分发挥城市正常功能的前提下应力争布局集中紧凑，节约用地，节约城市基础设施建设投资，有利于城市运营，方便城市管理，减轻交通压力，有利于城市生产和方便居民生活。依托旧区和现有对外交通干线，就近开辟新区，循序滚动发展。

4. 分期建设，留有余地

城市总体布局是城市发展与建设战略部署，必须有长远观点和具有科学预见性，力求科学合理、方向明确、留有余地。对于城市远期建设规划，要坚持从现实出发；对于城市近期建设规划，必须以城市远期建设规划为指导。重点安排好近期建设和发展用地，滚动发展，形成城市建设良性循环。

7.2.2　城市总体布局的内容

城市活动概括起来主要有工作、居住、游憩、交通四个方面。为了满足各项城市活动，就必须有相应的不同功能的城市用地。各种城市用地之间，有的相互间有联系，有的相互间有依赖，有的相互间有干扰，有的相互间有矛盾，需要在城市总体布局时按照各类用地的功能要求以及相互间的关系加以组织，使城市成为一个协调的有机整体。城市总体布局的核心是城市用地的功能组织，可通过以下几方面内容来体现。

（1）按组群方式布置工业企业，形成工业区。工业是城市发展的主要因素，发展工业是加快城市化进程的必要手段之一。合理安排工业区与其他功能区的位置，处理好工业与居住、交通运输等各项用地之间的关系，是城市总体规划的重要任务。

由于现代化的工业组织形式和工业劳动组织的社会需要，无论是新城建设还是旧城改造，都力求将那些单独的、小型的、分散的工业企业按其性质、生产协作关系和管理系统组织成综合性的生产联合体，或按组群分工相对集中地布置成为工业区。要协调好工业区与交通系统的配合，协调好工业区与居住区的联系，控制好工业区对居住区等功能区及对整个城市的环境污染。

（2）按居住区、居住小区等组成梯级布置，形成城市生活居住区。城市生活居住区的规划布置应能最大限度地满足城市居民多方面和不同程度的生活需要。一般情况下城市生活居住区由若干个居住区组成，根据城市居住区布局情况配置相应公共服务设施内容和规模，满足合理的服务半径，形成不同级别的城市公共活动中心（包括市级、居住区级等中心），这种梯级组织更能满足城市居民的实际需求。

（3）配合城市各功能要素，组织城市绿化系统，建立各级休憩与游乐场所。绿化系统是改善城市环境、调节小气候和构成休憩游乐场所的重要因素，应把它们均衡分布在城市各功能组成要素之中，并尽可能与郊区大片绿地（或农田）相连接，与江河湖海水系相联系，形成较为完整的城市绿化体系，充分发挥绿地在总体布局中的功能作用。

居民的休憩与游乐场所，包括各种公共绿地、文化娱乐和体育设施等，应把它们合理地分散组织在城市中，最大限度地方便居民利用。

（4）按居民工作、居住、游憩等活动的特点，形成城市的公共活动中心体系。城市公共活动中心通常是指城市主要公共建筑物分布最为集中的地段，是城市居民进行政治、经济、社会、文化等公共生活的中心，是城市居民活动十分频繁的地方。选择城市各类公共活动中心的位置以及内容设置，是城市总体布局的重要任务之一。这些公共活动中心包括社会政治公共活动中心、科技教育公共活动中心、商业服务公共活动中心、文化娱乐公共活动中心、体育公共活动中心等。

（5）按交通性质和交通速度，划分城市道路的类别，形成城市道路交通系统。在城市总体布局中，城市道路与交通体系的规划占有特别重要的地位。它的规划又必须与城市工业区和居民区等功能区的分布相关联，按各种道路交通性质和交通速度的不同，将城市道路按其从属关系分为若干类别。交通性道路中，如联系工业区、仓库区与对外交通设施的道路，以货运为主，要求高速；联系居住区与工业区或对外交通设施的道路，用于职工上下班，要求快速、安全。而城市生活性道路则是联系居住区与公共活动中心、休憩游乐场所的道路，以及它们各自内部的道路。此外，还有在城市外围穿越的过境道路等。在城市道路交通体系的规划布局中，还要考虑道路交叉口形式、交通广场和停车场位段等。

以上五个方面构成了城市总体布局的主要内容。城市总体布局要使城市用地功能组织建立在各功能区的合理分布的基础之上。按此原理组织城市布局，可使城市各部分之间有简便的交通联系，可使城市建设有序合理、城市各项功能得以充分发挥。

对城市的总体布局，要持辩证的观点，工作、居住、交通、游憩等几大功能既相互依存，也相互干扰。例如，工业区靠近居住区，交通联系便捷，又往往要受到环境卫生条件的限制；工业区相对集中布置，从相互间协作和生产经济性角度而言是合理的，但又可能出现与居住区交通过远的矛盾；居住区分散布置，有利于接近城郊优美清洁的自然环境，但是会增加市政工程管线的长度，使城市基础设施建设的投资产生不经济。总之，在城市总体布局时，需要同时综合考虑这些相互关联的问题，从总体布局的多种方案中择优确定。

7.2.3 城市总体布局的模式

城市总体布局模式是对不同城市形态的概括表述，城市形态与城市的性质规模、环境、发展进程、产业特点等相互关联，具有空间上的整体性、特征上的传承性和时间上的连续性。概括地讲，城市总体布局的模式可以分为集中式和分散式两种。

1. 集中式布局

（1）集中式布局的类型。集中式布局是指城市各项建设用地基本上集中连片布置，就其道路网形式而言，可形成网络状、环状、环形放射状、混合状以及沿江、沿海或沿主要交通干路的带状发展模式。通常将其划分为简单集中式和复杂集中式两种。

①简单集中式布局的城市，只有一个生活居住区，有1~3个工业区或工业片，居住区和工业区基本上连片布置（图7-1）。简单集中式布局适用于地形平坦地区的中小城市和小城镇布局，有新建城市，也有历史悠久的古城。

②复杂集中式布局多见于规模较大、地形条件良好，如平原地区的大城市，它是由简单集中式布局发展演变而成的（图7-2）。

（2）集中式布局的评价。

集中式布局的优点体现在以下三个方面：

①布局紧凑，节约用地。

②容易低成本配套建设基础设施。

③居民工作、生活出行距离较短，城市氛围浓郁，交往需求易于满足。

图 7-1　简单集中式布局

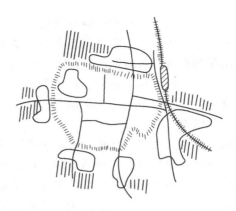

图 7-2　复杂集中式布局

集中式布局的缺点体现在以下三个方面：

①城市用地功能分区不十分明显，工业区与生活居住区紧邻，如果处理不当，易造成环境污染。

②城市用地大面积集中连片布置，不利于城市道路交通的组织，因为越往市中心，人口和经济密度越高，交通流量越大。

③城市进一步发展，会出现"摊大饼"的现象，即城市居住区与工业区层层包围，城市用地连绵不断地向四周扩展，城市总体布局可能陷入混乱。

2. 分散式布局

（1）分散式布局的类型。分散式城市总体布局将城市分为若干个相对独立的组团，组团之间大多被河流、山川等自然地形、矿藏资源或对外交通系统分隔，组团间一般都有便捷的交通联系。根据城市总体布局的分散程度和外部形态，分散式布局具体又可分成以下四种形式，即分散成组式、一城一区式、组群式和城镇体系式。

①分散成组式布局：一般由几片城市用地组成，外围部分地片与中心区及各片区之间在空间上不相连接，彼此保持一定的距离，一般为 2 ~ 5 km，甚至可达 6 ~ 8 km，各片相应地布置工业及生活居住设施（图 7-3）。这种布局形式多见于小型工矿业城市、山区城市或水网密布地区的城市，如江苏南通市、宁夏石嘴山市。

②一城一区式布局：由一城一区组成，通常城早区晚，城与区之间相隔一定的距离，一般间隔为 2 ~ 20 km，但城与区之间的生产与生活联系密切，且行政上属市政府统一管理（图 7-4）。

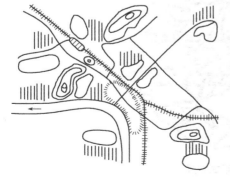

图 7-3　分散成组式布局

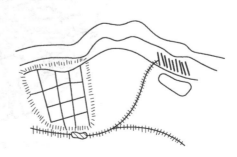

图 7-4　一城一区式布局

③组群式布局：在城市区域范围内，分布有若干城镇居民点，它们规模差距不大，主次时序稳定，形态各异，它们共同组成一个城市居民点体系，每个城镇居民点的工业及生活设施都分组配套布置，各城镇居民点之间保持一定的距离，一般相距 3～20 km，由农田、山体或水体分开，彼此相对独立，但联系密切，这种布局形式称为组群式布局，如图 7-5 所示，多见于一些范围较大的工矿城市，如淄博市、大庆市；也包括一些由于地形条件限制而形成的大中城市。

④城镇体系式布局：又称一母多子式布局、一城多区式布局或一主多辅式布局，城市由中心城及周围一定数量的卫星城组成。这种布局形式多见于超大城市和巨型城市，如图 7-6 所示。例如，上海市是由中心城及宝山、嘉定、松江、闵行、金山等卫星城组成；北京市由主城区及通州、昌平、顺义、延庆、大兴、房山等多个卫星城组成。与此类似的，还有一城多区式布局，即城市由中心城和郊区的两个以上（含两个）新城区组成，新城区是功能比较单一的卫星城，如工业区、开发区、大学城等。对于这类城市，为控制主城区规模（包括人口规模和用地规模），可以大力发展卫星城，采取一母多子式布局。

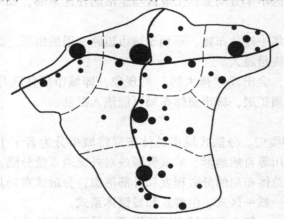

图 7-5 组群式布局

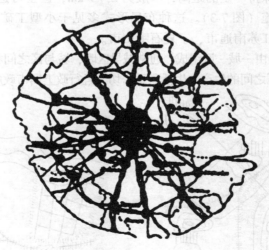

图 7-6 城镇体系式布局

（2）分散式布局的评价。

分散式布局的优点主要体现在以下三个方面：

①布局灵活，城市用地发展和城市容量具有弹性。

②环境优美，贴近自然。

③各城市物质要素的布局关系井然有序，错落有致。

分散式布局的缺点主要体现在以下四个方面：

①城市用地分散，浪费土地。

②各城区不易统一配套建设基础设施，分开建设成本较高。

③如果每个城区的规模达不到最低要求，城市氛围就不浓郁。

④跨区工作和生活出行成本高，居民联系不便。

集中式布局和分散式布局比较见表 7-1。

表 7-1　集中式布局和分散式布局比较

形态	特征	成因	类型	优势	不足	布局要点
集中形态	空间布局上：连续分布。景观上：城市建筑绵延分布，内部有机联系	地势平坦，无山水的阻隔	网状、环形放射状、星状、带状和环状	便于集中设置较完善的生活服务设施，各种设施的利用率高，方便居民生活，便于行政领导和管理，并节省市政建设的投资	环境污染比较严重，相互干扰，中心交通压力大	要注意处理好近期和远期关系；规划布局要有弹性，为远期发展留有余地，避免近期虽然紧凑，但远期用地会出现功能混杂和干扰的现象。中小城市应鼓励集中式发展
分散形态	空间布局上：不连续分布。景观上：分散布置，但其间有明显的内在联系	受地形、河流、矿产资源、交通干道等因素的限制，或经济长期发展的影响	组团状、星座状和城镇群—城—区式、分散成组式、城镇组群式等	有利于保证城市的环境质量	城市用地比较分散，彼此联系不太方便，市政工程设施的投资相对较高	大城市或特大城市

7.2.4　城市总体布局的演变

城市布局形式是在多种因素共同作用下形成的，是随着生产力发展、城市性质的演进和城市规模的扩张而不断发展变化的。城市布局形式演变的基本历程和发展趋势之一是大城市由分散走向集中，再由集中走向分散。从空间分布的角度看，20 世纪 50 年代以前的城市发展演进史，就是人口、产业和城市的分布由分散走向集中的历史；而 20 世纪 50 年代后期各大城市周围卫星城的出现，则是人口、产业和城市由集中走向分散的历史。另一趋势是中小城市以向心集中型为主。

现代大城市呈现出分散化趋势的主要标志有两个：一是城市用地由集中式布局趋向分散式布局，新城建设多是脱离旧城而进行的，大城市新增长部分也是由分布在主城周围的卫星城来提供的；二是城市中心功能多样化，由单中心变为多中心，伴随着城市功能的分化，在中心城周围出现了职能各异的卫星城市，来分担中心城的部分职能。

因此，现代大城市空间结构逐步由向心结构转向离心结构，由单中心结构转向多中心结构，由集中分布转向分散发展（图7-7）。

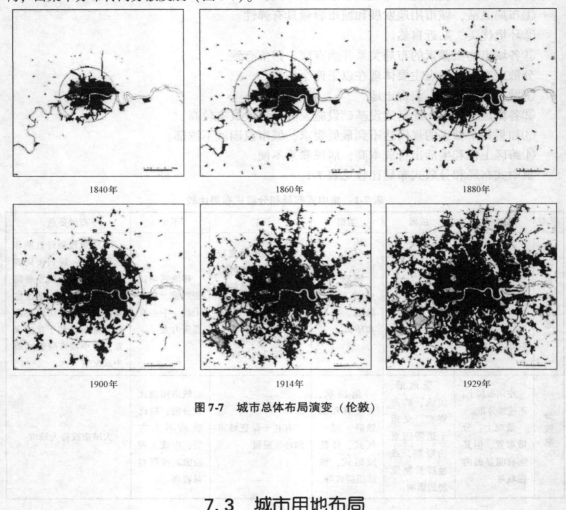

1840年	1860年	1880年
1900年	1914年	1929年

图7-7　城市总体布局演变（伦敦）

7.3　城市用地布局

7.3.1　各项用地功能组织及要点

城市规划中土地利用规划的根本任务就是根据各种城市活动的具体要求，为其提供规模适当、位置合理的土地。总体布局重点考虑城市的四大主要功能，即生产、生活、交通、游憩，规划需要按照各自对区位的需求，按照各类城市用地的分布规律，并综合考虑影响各种城市用地的位置及其相互之间关系的主要因素，明确提出城市土地利用的规划方案。

其功能组织的要点、各种用地的位置及相互关系的确定，可以归纳为以下几种。

（1）各种用地所承载的功能对用地的要求。如居住用地要求具有良好的环境，商业用地要求交通设施完备。

（2）各种用地的经济承受能力。在市场环境下，各种用地所处位置及其相互之间的关系主要受经济因素影响。对地租（地价）承受能力强的用地种类，如商业用地在区位竞争中通常处于有利地位，当商业用地规模需要扩大时，往往会侵入其临近其他种类的用地，并取而代之。

（3）各种用地相互之间的关系。由于各类城市用地所承载的功能之间存在相互吸引、排斥、关联等不同的关系，城市用地之间也会相应地反映出这种关系。如大片集中的居住用地会吸引为居民日常生活服务的商业用地，而排斥有污染的工业用地或其他对环境有影响的用地。

（4）规划因素。虽然城市规划需要研究和掌握在市场作用下各类城市用地的分布规律，但这并不意味着对不同性质用地之间自由竞争的放任。城市规划所体现的基本精神恰恰是政府对市场经济的有限干预，以保证城市整体的公平、健康和有序，因此，城市规划的既定政策也是左右各种城市用地位置及相互关系的重要因素，对旧城以传统建筑形态为主的居住用地的保护就是最为典型的实例（表7-2、图7-8）。

表7-2 主要城市用地类型的空间分布特征

用地种类	功能要求	地租承受能力	与其他用地关系	在城市中的区位
居住用地	较便捷的交通条件，较完备的生活服务设施，良好的居住环境	中等、较低（不同类型居住用地对地租的承受能力相差较大）	与工业用地、商务用地等就业中心保持密切联系，但不受其干扰	从城市中心至郊区，分布范围较广
公共设施用地	便捷的交通，良好的城市基础设施	较高	需要一定规模的居住用地作为其服务范围	城市中心、副中心或社区中心
工业用地	良好、廉价的交通运输条件、大面积平坦的土地	中等、较低	需要与居住用地之间保持便捷的交通，对城市其他种类用地有一定的负面影响	下风向、下游的城市外围或郊区

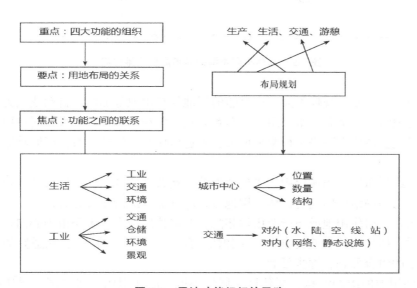

图7-8 用地功能组织的思路

规划实务速成口诀如下：

· 文字图例先细读　　再看风向与水流　　商业中心人气足　　交通便捷好服务
· 良好地段给居住　　上班不必跑长途　　工业用地重运输　　污染大户须防护
· 易燃易爆要隔离　　转运便利建仓储　　公共绿地宜均布　　滨水地带多种树
· 旧区新区要兼顾　　文化遗产多保护　　干道骨架要清楚　　两侧用地须相符
· 道路间距宜适度　　一般内密而外疏　　港口须有疏港路　　生活岸线要留足
· 机场进城走快速　　端侧净空须关注　　高速公路不穿城　　过境公路擦边溜
· 客运站场宜深入　　编组站场城外布　　夏季凉风能导入　　冬季寒风能阻住
· 道路依山傍水走　　相交尽量九十度　　净污分置上下游　　雨水尽量顺势流
· 四通八达有出路　　抗灾避难易救护　　自然人文须借助　　城市特色要突出

7.3.2 居住用地

（1）城市居住用地的组成：住宅用地和服务设施用地。

（2）城市居住用地分为三类：一类、二类和三类居住用地。

（3）城市居住用地的选址：选择自然环境优良地段；注重用地自身及用地周边的环境污染影响；处理好居住—工作、居住—消费的关系；适宜的规模和形状；若在城外布置，注意协调与旧城区的关系；结合房地产市场需求、建设可行性和效益；留有余地。

（4）居住用地分布方式：集中布置和分散布置。分散布置比较适合矿业城市和组团城市轴向布置，例如，沿交通轴布局。几种不同类型的城市居住用地分布如图7-9所示。

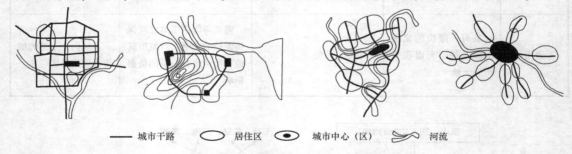

　—— 城市干路　　◯ 居住区　　◉ 城市中心（区）　　〰 河流

图7-9　几种不同类型的城市居住用地分布

①集中布置：当城市规模不大，有足够的用地且在用地范围内无自然或人为的障碍，而可以成片紧凑地组织用地时，常采用这种布置方式。但在城市规模较大、居住用地过于大片密集布置，可能会造成上下班出行距离增加，疏远居住与自然的联系，而影响居住生态质量等问题。

②组团、组群布置：当城市用地受到地形等自然条件的限制，或城市的产业分布和道路交通设施的走向与网络的影响时，居住用地可采取分散成组的布置方式。

③轴向布置：居住用地或与产业用地相配套的居住用地沿着多条由中心向外围放射的交通干线布置时，居住用地依托交通干线（如快速路、轨道交通线等），在适宜的出行距离范围内，以一定的组合形态，逐步延展。

（5）居住用地的组织结构：居住区—居住小区—居住组团、居住区—居住小区、居住区—组团。

（6）居住用地指标。

①影响因素：城市地理位置、城市性质、地形条件、经济发展条件、建筑形式以及生活习惯等。

②在城市用地中所占的比例：25%～40%。

③人均居住用地的规模：建筑气候区划在Ⅰ、Ⅱ、Ⅵ、Ⅶ气候区人均居住用地面积为28.0～38.0 m²，建筑气候区划在Ⅲ、Ⅳ、Ⅴ气候区人均居住用地面积为23.0～36.0 m²。

（7）居住用地规划布局原则：协调与城市总体布局的关系；尊重地方文化脉络与居住方式；重视与绿地等开敞空间的关系；符合相关用地和环境标准；具有健康、安定的社区品质。

7.3.3　公共管理与公共服务设施用地

1. 用地选址

城市公共管理与公共服务设施用地是指在城市总体规划中的行政办公、商业金融、文化娱乐、体育、医疗卫生、教育科研、社会福利共七类用地的统称，部分用地规划布局原则如下：

（1）行政办公设施用地：布局宜采用集中与分散相结合的方式，以利提高效率。

（2）文化娱乐用地：规划中宜保留原有的文化娱乐设施，规划新的大型游乐设施用地应选址在城市中心区外围交通方便的地段。

（3）医疗卫生用地：布局应考虑服务半径，选址在环境安静交通便利的地段。传染性疾病的医疗卫生设施宜选址在城市边缘地区的下风向。大城市应规划预留应急医疗设施用地。

（4）教育科研用地：新建高等院校和对场地有特殊要求重建的科研院所，宜在城市边缘地区选址，并宜适当集中布局。

2. 公共设施用地的规划布局

公共设施用地总的布局要求有以下几方面内容：

（1）按照城市的性质与规模，组合功能与空间环境，建设内容、建设标准与城市的发展目标相适应。

（2）位置适中、布局合理。考虑设施各自的特点和合理的服务半径，配套完善，规模合理。

（3）与道路交通结合考虑，中心区交通重点考虑。城市中心区人、车汇集，交通集散量大，须有良好的交通组织，以增强中心区的效能。

（4）利用原有基础，慎重对待城市传统商业中心。

（5）创建优美的公共中心景观环境。

3. 城市公共中心的布置方式（图7-10～图7-12）

（1）布置在市（城）区中心地段。

（2）结合原中心及现有建筑布置。

（3）结合主要干道布置。

（4）结合景观特色地段。

（5）围绕中心广场，形成步行区或一条街形式。

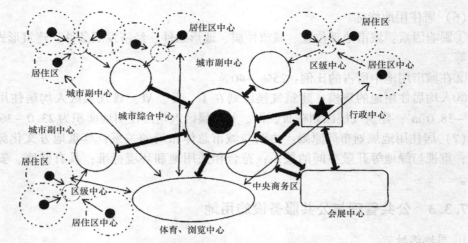

图 7-10　城市中各类公共活动中心构成

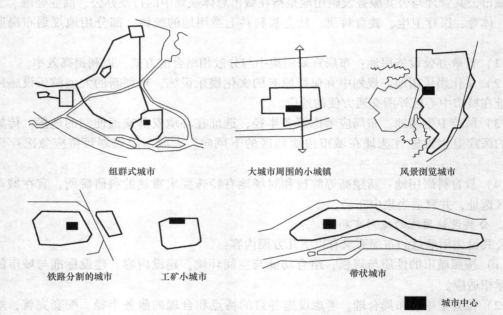

组群式城市　　大城市周围的小城镇　　风景浏览城市

铁路分割的城市　　工矿小城市　　带状城市

■ 城市中心

图 7-11　不同城市市中心位置示意图

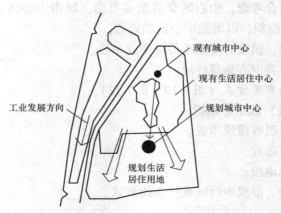

现有城市中心

现有生活居住中心

规划城市中心

工业发展方向

规划生活
居住用地

图 7-12　某城市原有中心与规划城市中心位置

7.3.4　商业服务设施用地

1. 布局要点

"商业服务设施用地"指各类商业、商务、娱乐康体等设施用地，其核心内涵是以营利为主要目的的商业服务设施，但是不一定完全由市场经营，政府如有必要也可独立投资或合资建设（如剧院、音乐厅等机构），分为五个种类：

（1）"商业设施用地"指从事各类商业销售活动及容纳餐饮、旅馆业等各类活动的用地，包括"零售商业用地""农贸市场用地""餐饮业用地""旅馆用地""加油加气站用地"五小类。与原国家标准中的"商业金融业用地"相比较，将"金融保险业用地""贸易咨询用地"纳入"商务设施用地"，将"市场用地"中以批发为主的工业品市场等纳入"物流仓储用地"，增加了原"休疗养用地"的内涵。

（2）"商务设施用地"指金融、保险、证券、新闻出版、文艺团体等行业的写字楼或以写字楼为主的综合性办公用地，包含了原国家标准中的"行政办公用地"中除政府机关团体以外的部分，"金融保险业用地""贸易咨询用地""科研设计用地"中除了科研事业单位以外的部分等。

（3）"娱乐康体用地"指各类娱乐康体等设施用地，包含了原国家标准中"体育用地"中除了基本体育场馆和体育训练基地以外的部分，"游乐用地"中除了文化宫、青少年宫、老年活动中心以外的部分，"影视院用地"等。

（4）"公用设施营业网点用地"是新增加的种类，指零售加油、加气、电信、邮政等公用设施营业网点用地，包括"加油加气站用地""其他公用设施营业网点用地"两小类。考虑到加油加气站等公用设施营业网点现在已经市场化运作，国土部门将其作为经营性土地出让，并纳入"商业设施用地"。

（5）"公用设施营业网点用地"指业余学校、民营培训机构、私人诊所、宠物医院等其他服务设施用地。包括了原国家标准中的"成人与业余学校用地"中的夜大、业余学校、培训中心等用地，并新增了私立学校、私人诊所、宠物医院等地类。

2. 用地选址

商业金融设施用地宜按市级、区级和地区级分级设置，形成相应等级和规模的商业金融中心。商业金融中心的规划布局应符合下列基本要求：

（1）商业金融中心应以人口规模为依据合理布置，市级商业金融中心服务人口宜为50～100万人，服务半径不宜超过8 km；区级商业金融中心服务人口宜为50万人以下，服务半径不宜超过4 km；地区级商业金融中心服务人口宜为10万人以下，服务半径不宜超过1.5 km。

（2）商业金融中心规划用地应具有良好的交通条件，但不宜沿城市交通主干路两侧布局。

（3）在历史文化保护区不宜布局新的大型商业金融设施用地。

（4）商品批发市场宜根据所经营的商品门类选址布局，所经营商品对环境有污染时还应按照有关标准规定，规划安全防护距离。

7.3.5　工业用地

1. 工业用地的选址

影响工业用地选址的因素主要有两个方面：一个是工业生产自身的要求，包括用地条件、交通运输条件、能源条件、水源条件以及获得劳动力的条件等；另一个是能否与周围的用地兼容，并有进一步发展的空间。具体应注意以下几方面：

（1）工业用地应根据其对生活环境的影响状况进行选址和布置。避开中心区、军事区、矿藏、文物古迹、生态风景区、水利枢纽及其他重要设施区域。

（2）一类工业用地可选择在居住用地或公共设施用地附近。

（3）二类工业用地宜单独设置，并选择在常年最小风向频率的上风侧及河流的下流，并应符合《工业企业设计卫生标准》（GBZ 1—2010）的有关规定。

（4）三类工业用地应按环境保护的要求在城市边缘的独立地段进行选址，并严禁在该地段内布置居住建筑，严禁在水源地和旅游区附近选址，工业用地与居住用地的距离应符合卫生防护距离标准。

（5）对市（城）镇区内有污染的二类、三类工业必须进行治理或调整。

（6）工业用地选择在靠近电源、水源和对外交通方便的地段；协助密切的生产项目应临近布置，相互干扰的生产项目应予以分隔（图7-13）。

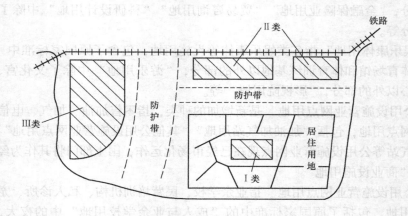

图7-13 不同类型工业用地布局

2. 工业的分类

工业有以下几方面的分类：

（1）按工业性质分类。可分为冶金工业、电力工业、燃料工业、机械工业、化学工业、建材工业、电子工业、纺织工业等。

（2）按环境污染分类。

一类：基本无干扰、污染（电子、缝纫、手工业）。

二类：有一定干扰和污染（食品、医药、纺织）。

三类：严重干扰和污染（化学工业、冶金工业、放射性、剧毒性、有爆炸危险性）。

事实上，这两种分类之间存在着一定的关联，在考虑工业用地规模时，通常按照工业性质进行分类，而在考虑工业用地布局时则更倾向于按照工业污染程度进行分类。

3. 工业用地的规划布局

（1）工业用地的布局要点。

①工业与居住用地有机联系。工业区的具体布置，应有利于职工步行上下班，工业与居住区若即若离，有便捷的交通联系，避免单向交通，防止工业区包围城市。

②工业用地注重运输联系。有协作的工厂，就近集中布置，分片分区，就近协作，可减少生产过程中的转运，降低生产成本，减少对城市交通的压力，形成产业链。

沿对外交通的工厂，通常在城市边缘地段，合理组织工厂出入口与厂外道路的交叉，避免过多干扰对外交通。

③减少工业用地对城市环境的影响。避免工业区对居住区的干扰、污染。如将易造成大气污染的工业用地布置在城市下风向；将易造成水体污染的工业用地布置在城市下游；在工业用地周围设置绿化隔离带；化工、冶金业工厂与城市保持距离，设 500 ～ 800 m 及 800 m 以上防护带；有害气体工业不宜过分集中等。

④旧城工业布局调整。旧城区往往面临着居住区与工业混杂、工厂布局混乱等问题，对旧城工业布局进行调整主要采取的措施有留、改、并、迁等，对分散几处的，要调整集中或创造条件迁址新建。

（2）工业用地的布局形式。工业用地的布局对城市的总体布局和城市的发展有很大的影响。除与其他种类的城市用地交错布局形成的混合用途区域中的工业用地外，常见的工业用地在城市中的布局有以下几种：

①工业用地位于城市特定地区。工业用地相对集中地位于城市中某一方位上，形成工业区，或者分布于城市周边。通常中小城市中的工业用地布局多呈此种形态，其特点是总体规模较小，与生活居住用地之间具有较密切的联系，但容易造成污染，并且当城市进一步发展时，有可能形成工业用地与生活居住用地相间的情况。

a. 将工业区配置在居住用地的周围（图 7-14、图 7-15）。这种布置方式可以减轻工业的大量运输对城市的干扰，但由于工业区已将城市包围，使城市在任何一种风向下都会受到工业排放的有害气体的污染，而且城市的发展受到限制，因而这种布置方式是不恰当的。

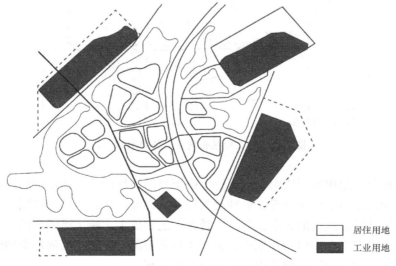

	居住用地
■	工业用地

图 7-14　在居住用地的周围配置工业区

b. 将工业区布置在居住区的中心（图7-16）。这种布置方式容易使居住区受工业区的污染，而且工业运输穿越居住用地，易产生交通阻塞和不安全因素，而且工业区的发展也会受到影响，因而这一形式也是不恰当的。

c. 将工业区布置在居住用地的一边（图7-17）。这是一种比较好的布置方式，适用于中、小城市的工业布局。这种方式可使居住地和工业区之间有方便的联系，工业区和居住地可以独立发展。但要处理好工业区与外部的交通联系。

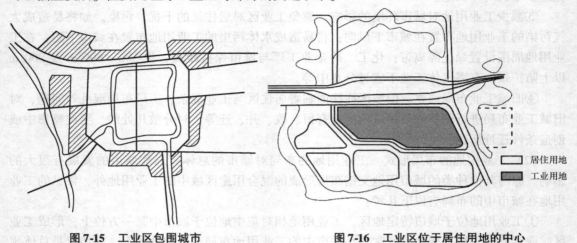

图 7-15　工业区包围城市　　　　　　　图 7-16　工业区位于居住用地的中心

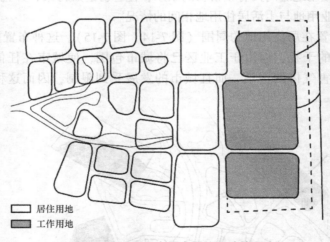

居住用地
工作用地

图 7-17　将工业区布置在居住用地的一边

②工业用地与其他用地形成组团。无论是由于地形条件所致，还是随城市不同发展时期逐渐形成，工业用地与生活居住等其他类的用地一起形成相对明确的组团。这种情况常见于大城市或山区及丘陵地区的城市，其优点是在一定程度上平衡了组团内的就业和居住，但由于不同程度地存在工业用地与其他用地交叉布局的情况，不利于局部污染的防范。城市整体的污染防范可以通过调整各组团中的工业门类来实现。

a. 有机结合的组团布局（图7-18）。工业区布置结合地形，与其他用地呈间隔式交叉布置。这种方式有利于充分利用地形，并能根据工业污染的不同情况，分别考虑风向和河流上下游等关系合理布置工业用地。但这种方式不易组织交通，尤其是沿着交通干线布置的城镇，容易造成交通与城镇的互相干扰（图 7-19）。

　　b. 工业区与其他用地交叉布局（图 7-19）。将工业区形成几个组团，每个组团内既有工业企业又有生活居住区，使生产与生活有机地结合起来。这种方式较好地解决了工业用地之间联系不便的问题，但要求工业企业对环境的污染较小。

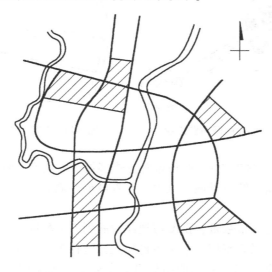

图 7-18　工业区呈组团布局

图 7-19　工业区与居住区交叉布局

　　4. 工业园或独立的工业卫星城

　　与组团式的工业用地布局相似，在工业园或独立的工业卫星城中，通常也带有相关的配套生活居住用地。工业园尤其是独立的工业卫星城中各项配置设施更加完善，有时可做到基本不依赖主城区，但与主城区有快速便捷的交通相连。

　　（1）在多个居住区组群之中建立一个大工业区，结合现有地形条件，有时可布置得较为合理（图 7-20）。

　　（2）将工业区和居住用地布置成综合区的形式，适宜于在大城市中采用（图 7-21）。

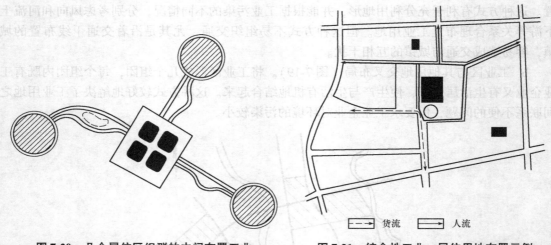

图7-20 几个居住区组群的中间布置工业　　**图7-21 综合性工业－居住用地布置示例**

（3）工业卫星城镇（图7-22）。这种布置方式多见于大城市、特大城市的工业布局，主要用来控制城市发展规模，解决母城的压力，改善城市环境。

5. 工业地带

当某一区域内的工业城市数量、密度与规模发展到一定程度时就形成了工业地带。这些工业城市之间分工合作，联系密切，但又各自独立，这种布置方式多见于大城市带、城镇连绵区的工业布局，各城市（镇）的工业布局沿着主要的交通轴线发展，聚集形成工业发展带（图7-23）。

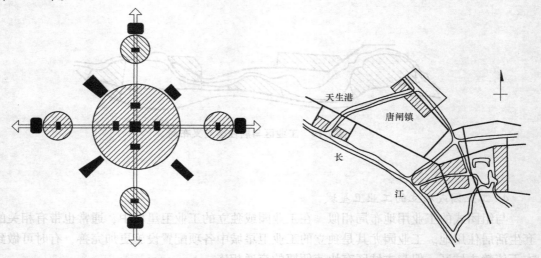

图7-22 母城卫星城带状布置方式　　**图7-23 工业区呈组群式布局**

7.3.6 仓储用地

1. 仓储用地的选址

（1）地势较高且平坦，但有利于排水的坡度，地下水位低，地表承载力强。

（2）避开居住区、重要交通枢纽、重要设施、机场、重要水利工程矿区、军事目标和其他选址。

（3）具有便利的交通运输条件等。

2. 仓储用地的规划布局

小城市宜设置独立的地区来布置各种性质的仓库。这些地区在城市边缘，靠近铁路站、公路或河流，便于城乡集散运输（图 7-24）。大、中城市仓储区的分布应采用集中与分散相结合的方式，可按照专业将仓库组织成各类仓库区，并配置相应的专用线、工程设施和公用设备，并按它们各自的特点与要求，在城市中适当分散地布置在恰当的位置。

（1）储备仓库一般应设在城市郊区、远郊、水陆交通条件方便的地方，有专用的独立地段。

（2）转运仓库设在城市边缘或郊区，并与铁路、港口等对外交通设施紧密结合（图7-24）。

（3）收购仓库如属农副产品当地土产收购的仓库，应设在货源来向的郊区入城干道口或水运必经的入口处。

（4）供应仓库或一般性综合仓库要求接近其供应的地区，可布置在使用仓库的地区内或附近地段，并具有方便的市内交通运输条件。

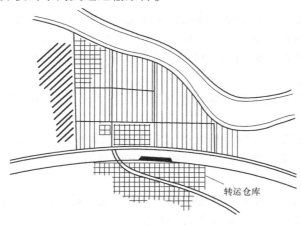

图 7-24　转运仓库布置

（5）危险品仓库如易爆和剧毒等危险品仓库，要布置在城市远郊的独立特殊专门用地上，最好在城市地形的低处，有一定的天然或人工防护措施，但要注意应与使用单位所在位置方向一致，避免运输时穿越城市。

（6）冷藏仓库设备多、容积大，需要大量运输，往往结合有屠宰场、加工厂、毛皮处布置。

（7）蔬菜仓库应设于城市市区边缘通向四郊的干道入口处，不宜过分集中。

（8）木材仓库、建筑材料仓库运输量大、用地大，常设于城郊对外交通运输线或河流附近；燃料及易燃材料仓库如石油、煤炭、木材及其他易燃物品仓库，应满足防火要求，布置在郊区的独立地段。

7.3.7 交通设施用地

1. 城市道路用地

（1）城市道路系统布置的基本要求。

①满足城市用地功能组织的要求。以用地功能组织为前提，用地功能组织充分考虑城市交通的形成与组织，建立完整的道路系统，合理布置交通。主要道路技术指标见表 7-3。

表 7-3　主要道路技术指标

道路类型	路网间距/m	红线宽度/m
快速路	1 500～2 500	60～100
主干道	700～1 200	40～70
次干道	350～500	30～50
支路	150～250	20～30

用道路作为联系、划分城市各分区、组团、各类用地的骨架，组织城市景观主路—分区、次路—街坊、支路—组团。

②满足交通运输要求。以毗邻用地的功能决定道路性质，进行道路分类，道路功能同毗邻用地性质相符。道路系统完整，线形顺畅、网络合理、分布均衡，利于实现交通分流快速与常规、交通性与生活性、机动与非机动、车与人的分离。与对外交通衔接得当，内外有别，场站之间联系方便。

③满足城市环境和景观要求。城市景观要求与自然环境结合、与人文景观结合，避免单调。

④满足管线布置的要求。满足地面排水和工程管线布置的要求，在地面排水、管线敷设、地下空间使用满足基本技术要求的前提下，充分利用和结合地形，减少工程量。

（2）布局要点。

①根据城市之间的联系和城市各项用地的功能、交通流量，结合自然条件与现状特点确定道路交通系统，并有利于建筑布置和管线敷设。

②城市道路应根据其道路现状和规划布局的要求，按道路的功能性质进行合理布置，并应符合下列规定：

a. 连接工厂、仓库、车站、码头、货场等的道路不应穿越城市的中心地段。

b. 位于文化娱乐、商业服务等大型公共建筑前的路段应设置必要的人流集散场地、绿地和停车场地。

c. 商业、文化、服务设施集中的路段可布置为商业步行街，禁止机动车穿越，路口处设置停车场。

d. 汽车专用公路，一般公路中的二、三级公路不应从城市内部穿过；对已在公路两侧形成的城市用地，应进行调整。

e. 山区城市的道路应尽量结合自然地形，做到主次分明、区别对待；其道路网形式一般多采用枝状尽端式和之字式或环形螺旋式系统。

③各级道路衔接原则：低速让高速，次要让主要，生活性让交通性，适当分离，但在不同街区也各有侧重。应避免畸形路口（>60°、<120°、多路交叉）。

④对外交通道路与城市道路网的连接:

一般公路,可以直接与城市外围的干道相连,要避免与直通城市中心的干道相连。

高速公路,应采用立体交叉、联络线连接成快速道路网(大城市和特大城市)或城市外围交通干道。中小城市与高速公路一般设一个出入口,大城市设两个以上的出入口。

高速公路不得直接与城市生活性道路和交通性次干路相连。对于特大城市,高速公路应在城市外围,同城市主要快速交通环路相连,通过城市中心地区可采用高架或地下道的方式。

(3)路网类型。城市道路网形式及比较分析见表7-4。

表7-4　城市道路网形式及比较分析

形式分类	特征	优点	缺点
方格网式	道路以直线形为主,呈方格网状,适用于平原地区	街坊排列整齐,有利于建筑物的布置和方向识别,车流分布均匀,不会造成对城市中心区的交通压力	交通分散,不能明显地划分主干道,限制了主次干路的明确分工,对角方向的交通联系不便,行驶距离较长
环形放射式	由放射干道和环形干道组合形成,放射干道担负对外交通联系,环形干道担负各区间的交通联系。适用于平原景观地区	对外、对内交通联系便捷,线形易于结合自然地形和现状,利于形成强烈的城市景观	易造成城市中心区交通拥堵,交通机动性差,在城市中心区易造成不规则的小区和街坊
自由式	一般依地形而布置、路线弯曲自然。适用于山区	充分结合自然地形布置城市干道,节约建设投资,街道景观丰富多变	路线弯曲,方向多变,曲线系数较大,易形成许多不规则的街坊,影响工程管线的布置
混合式	由前几种形式组合而成,适合大多数地区	考虑自然条件和历史条件,可以有效地吸取各种形式的优点,因地制宜地组织好城市交通	

2. 铁路

(1)铁路应从城市边缘通过,不应包围或分割城市。

(2)铁路场站在城市中的布置数量和位置与城市的性质、规模、地形、总体布局、铁路方向等因素有关。

(3)铁路客运站在城市中的布置。

位置:中小城市边缘,一般1处;大城市要深入,在中心区边缘,2~3处。

距离:一般距市中心2~3 km。

交通组织:必须有主干路连至市中心、码头、长途客运站等,便于换乘。

3. 公路

(1)特点:等级越高越远、等级越低越近。如高速公路要在城市外围,远离城市中心。

(2)与城市关系:穿、绕。

大城市公路宜与城市交通密集地区相切而过,不宜深入区内。各特大城市利用中心区外围环路，不必穿越市中心区。

（3）公路与城市道路各成系统，互不干扰，从城市功能分区之间通过，与城市不直接接触，而在一定的入口处与城市道路连接，不得将公路当城市干道。而出入口的选择，要靠近城市，与城市联系方便（图7-25）。

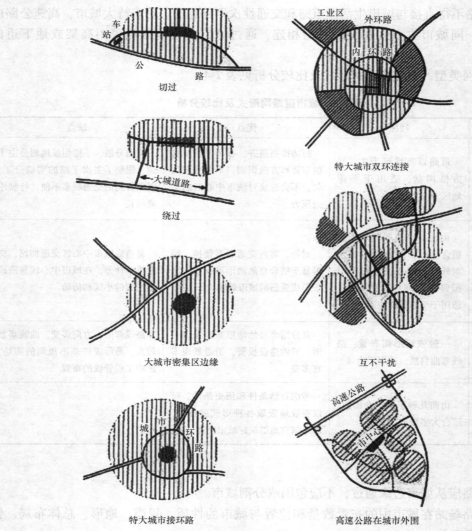

图7-25 公路与城市连接方式

4. 长途汽车站

（1）客运站。长途汽车站的选址要与公路连接通顺，与公共中心连接便捷，并与码头、铁路站密切配合。

中小城市：可与铁路站结合在一起，一般1处。

大城市：按方向，多方位布置，注意与城市干道联系（图7-26）。

（2）货运站。货运站场宜布置在城市外围入口处，最好与中转性仓库、铁路货场、水运码头等有便捷的联系。

一般综合性货运站或货场，其位置应接近工业区和仓库区，并尽量减少对城市的干扰。供应生活物品的应在市中心边缘；中转货物的应在仓储区、铁路货站、货运码头附近。

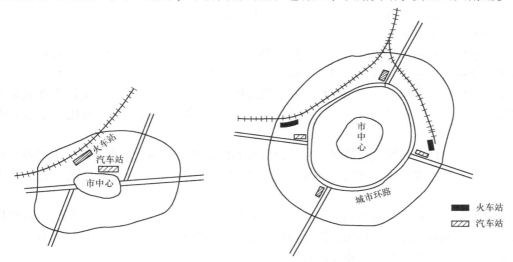

图 7-26　客运站在城市中的布置

5. 港口

沿江河湖海的城市的港口规划要按照"深水深用、浅水浅用"的原则，结合城市用地的功能组织对岸线做全面安排。要确定适应于航运的岸线，而且要保持一定纵深的陆域，同时要留出供城市居民游憩的生活岸线。

7.3.8　绿地

1. 绿地的选址

（1）公共绿地分为公园绿地和街头绿地。公共绿地应均衡分布，形成完整的园林绿地系统。

（2）公园在城市中的位置应结合河湖山川、道路系统及居住用地的布局综合考虑。

（3）公园选址和街头绿地布置应考虑以下因素：

①公园应使居民方便到达和使用，并与城市主要道路有密切联系。

②充分利用不宜于工程建设及农业生产的用地，以及起伏变化较大的坡地布置公园。

③公园可选择在河湖沿岸景色优美的地段，充分发挥水面的作用，有利于改善城市小气候、增加公园的景观、开展各项水上活动，有利于地面排水。

④公园可选址于树木较多和有古树的地段、名胜古迹及革命历史文物的所在地。

⑤公园用地应考虑将来的发展余地。

2. 绿地的规划布局

结合城市用地自然条件的分析，因地制宜地使各项功能绿地的分布各得其所。

城市绿地规划与布置作为城市景观环境构筑的基本素材、构件和手段，应充分利用城市的山水林木等的自然基础，通过绿化、建筑和自然地理特征的有机组合，塑造具有美学价值的城市景观，强化城市空间环境的个性。同时，结合城市的历史文化传统，充实和体现城市景观的文化内涵，提高城市的文化品位。具体规划布局应注意以下几点：

（1）构筑城乡一体的生态绿化系统。从全局着眼，构筑城乡一体并联结区域的关联环境，布局中注意结合现有因素，点线面结合，形成整体分级系统。

绿地系统强调以下几点：

①系统性。在城市的布局中，不同的布局方式、不同的绿化种类要齐全，形成一个与城市的布局结构联系密切且自身相对完整的"绿化结构"。

②均衡性。各类绿地的布局根据不同的用地性质，以不同的方式均衡地散布在城市的各种用地上。这里，均衡是一个相对的概念，它是针对不同性质的用地对绿化的需求方式而言的。

③亲民性。绿地系统应以满足城市居民日常不同方式的使用为根本宗旨，采用各种技术手段、管理手段，保证不同年龄、不同职业、不同收入的人群对绿化的使用、观赏的不同需求。

④因地制宜，除了与城市整体结构有一个良好的关系，城市绿地系统更强调与自然环境密切结合，即通过充分把握城市自然环境的特点来形成具有自身特点的、结合原有山水的绿化系统，并从这个角度形成城市布局特色。

（2）建构城市开敞空间系统。可结合广场、水体、公共设施用地布置，形成开敞空间体系。

（3）形成完善的绿地系统。绿化服务半径合理，布局均匀，形成点、线、面的整体特点，进而形成完善的绿地系统。

城市绿地系统包含功能构成、分级构成和形态构成等多方面内容。

①绿地系统的功能构成。城市绿地系统可以由多样的功能绿地进行系统的组合，也可以由不同的功能绿地子系统合成总体的功能系统，后者如生态绿地子系统，旅游休闲绿地子系统，娱乐、运动绿地子系统，景观绿地子系统以及防护绿地子系统等。

②绿地系统的分级构成。按照城市的用地结构所形成的不同规模服务范围，城市某些功能绿地可以对应地进行分级配置，如在居住地区可有宅旁绿地、住宅组团绿地、居住小区公园、居住区公园，以及更大范围的居住地区公园等。

③绿地系统的形态构成。城市绿地有多种形态要素，结合城市布局结构和城市发展的需要，呈现多样的形态构成特征。绿地形态要素主要有：

a. 点状绿地。集中成块的绿地，如不同规模的公园或块状绿地，或是一个绿化广场、一个儿童游戏场绿地等。

b. 带状绿地。城市沿河岸或街道，或景观通道等的绿色地带，也包括在城市外缘或工业地区侧边的防护林带。

c. 楔形绿地。以自然的绿色空间楔入城区，以便居民接近自然，同时有利于城市与自然环境融合，提高生态质量。

d. 环状绿地。在城市内部或城市的外缘布置成环状的绿道或绿带，用以连接沿线的公园等绿地，或是以宽阔的绿环限制城市向外进一步蔓延和扩展等。

（4）注重防护绿地与生态绿地的布局。

①防护绿地：防护绿地的作用是隔离和减轻工厂有毒气体、烟尘、噪声对城市其他用地的污染，以保持环境洁净。其可布置在工业用地、仓储用地周围，形成绿地布局中"线"

的因素。

②生态绿地：城市建设用地以外在城市地域内保有成系统的、大面积的生态绿地，其作用是使城市地区能够保持一种与自然生态良好结合的环境，有利于生物多样性保护，丰富城市景观和居民休闲生活，常作为绿地布局中"面"的因素。

7.4　案例实践

案例：四川省广安市城市总体规划（2013—2030 年）

7.4.1　规划地域层次

规划分为广安市域、核心功能区、城市规划区、中心城区四个层次。

（1）广安市域：广安市域为按行政区划分的四川省广安市，其范围覆盖整个行政区管辖范围，含广安区、前锋区、华蓥市（县级市）、岳池县、武胜县和邻水县，市域总面积 6 344 km²，亦同于"全市"。

（2）核心功能区：为协调重大基础设施和公共服务设施建设，统筹区域环境保护，加强水资源的合理利用，特划定广安市城市总体规划核心功能区。核心功能区范围划定在广安区、前锋区、岳池县、华蓥市的行政区范围内，面积约 1 230 km²。

（3）城市规划区：广安市城市总体规划的城市规划区指广安市中心城区、近郊区以及城市行政区域内因城市建设和发展需要实行规划控制的区域，面积约 611.5 km²，简称"规划区"。

（4）中心城区：广安市中心城区指广安市城市规划区内连片的城市建设用地，规划期末（2030 年）广安市中心城区城市建设用地面积约 85 km²。

7.4.2　城市规划区的划定

城市规划区范围为广安区和前锋区行政区划内的城市建设控制地区，面积为611.5 km²，具体范围如下：

广安区：包括 5 个街道办事处（浓洄街道办事处、北辰街道办事处、广福街道办事处、中桥街道办事处、万盛街道办事处），14 个镇（协兴镇、官盛镇、枣山镇、浓溪镇、悦来镇、花桥镇、恒升镇、石笋镇、兴平镇、井河镇、龙台镇、肖溪镇、白市镇、大安镇）和 17 个乡（广门乡、化龙乡、大龙乡、广罗乡、方坪乡、崇望乡、龙安乡、穿石乡、彭家乡、蒲莲乡、东岳乡、郑山乡、消河乡、大有乡、杨坪乡、白马乡、苏溪乡）的行政辖区。

前锋区：包括 4 个街道办事处（奎阁街道办事处、大佛寺街道办事处、龙塘街道办事处、新桥街道办事处），8 个镇（代市镇、观塘镇、护安镇、观阁镇、广兴镇、桂兴镇、龙滩镇、虎城镇）和 2 个乡（小井乡、光辉乡）。

7.4.3　中心城区城市开发边界

广安主城区城市增长边界：北至南峰山山体保护区边界、佛手山北部；西至渝川陕高速公路、望子山山体保护区边界；南至遂广高速公路、方坪乡南部边界、渠江；东至渠江、地质灾害高易发区外边界、奎阁东部在建道路（奎港路）、花石路、协兴镇东部边界。广安主城区城市增长边界总范围约 210 km²。

前锋辅城城市增长边界：北至驴溪河、广前北线；西至广安绕城高速公路；南至驴溪河、前锋区界；东至华蓥山山体保护区外边界。前锋辅城城市增长边界范围约 100 km²。

广安中心城区城市开发边界：结合自然河流、山体、生态敏感区、道路交通廊道、行政边界等因素，在城市增长边界范围内，合理确定城市开发边界。

广安主城区城市开发边界：北至协兴片区北部环路；西至小平大道、西溪河、渝川陕高速公路；南至枣山商贸物流园区南部规划道路、沪蓉高速公路；东至渠江、奎阁东部在建道路（奎港路）、观塘镇区东部规划道路、协兴片区东部二环路。广安主城区城市开发边界（终极规模）范围约 140 km²。

前锋辅城城市开发边界：北至前锋辅城规划北环路、广前北线；西至渠江大道、文化路、代市－新桥片区西部规划道路；南至规划港前大道；东至石溪路。前锋辅城城市开发边界（终极规模）范围约 66 km²。

综上所述，广安中心城区城市增长边界总范围约 310 km²，城市开发边界（终极规模）范围为 206 km²，其中城市建设用地规模约 180 km²。

7.4.4　城市用地规模

广安现状：中心城区建设用地规模为 45 km²，实际居住人口 42 万人，人均城市建设用地为 107 m²。

广安中心城区近期（2020 年）人均建设用地面积为 107 m²，城市建设用地面积为 75 km²；远期（2030 年）人均建设用地面积为 100 m²，城市建设用地面积为 85 km²。

7.4.5　中心城区空间结构

（1）规划理念。广安中心城区的总体布局理念为"功能互补、双城协调、差异发展"。广安主城区做大做强，提高集聚规模，强化综合服务功能，前锋辅城承接区域产业外溢，提高工业集聚效益，主城、辅城依托各自资源优势，实现特色化、差异化发展。

（2）中心城区发展方向。

广安主城区发展方向：

规划策略为东跨、西进、南扩、北控、中优。

东跨：跨过渠江，引导城市向东发展，带动奎阁组团起步建设；进一步强化临港片区建设，逐步发展成为综合性现代化港口。

西进：向西开发枣山组团，将其打造为集仓储、市场、商业、物流集散与配送、居住等功能为一体的多功能、综合性现代化物流园区。

南扩：南部土地适宜性良好，构建具有优美人居环境、生活氛围浓厚的现代化居住区，缓解老城片区过度发展的压力，作为城市生活和服务的拓展地。

北控：依托邓小平故居纪念园保护区进一步建设的发展契机，合理控制发展项目和规模，将保护区建成集小平革命纪念基地及爱国主义教育基地、城市北郊生态园林及生态旅游观光休闲区、现代农业开发区为一体的综合绿色产业区。

中优：积极推进老城区改造工程，完善老城区公共服务设施。保护原有街区肌理，彻底改善原住民的居住环境。打造文气十足、景色宜人的滨江景观绿带。

前锋辅城发展方向：

规划策略为西联、东优、南扩、北控。

西联：依靠广前大道和港前大道的建设，强化和广安主城区联系，用地向西发展至清溪河。

东优：积极发挥襄渝铁路前锋站区域交通发展优势，优化空间布局。

南扩：大规模向南发展，适度超前配套基础设施建设，提高产业承载能力；争取更多项目落地，发展成为现代产业园区，作为广安中心城区新的城市经济增长点。

北控：北部建设用地以连接代市镇等为主，控制新建工业用地不跨越园区北路。

（3）中心城区空间布局结构。广安中心城区规划成"一主一辅三中心"的城市空间布局结构。

一主：广安主城，新老互动的人文城（包括广安老城区、协兴组团、枣山组团、官盛组团、奎阁组团5个功能组团）。

一辅：前锋辅城——产城一体的智慧城。

三中心：广安城市主公共中心、奎阁城市副公共中心、前锋城市副公共中心。

第 8 章

道路交通规划

8.1　城市综合交通的基本概念

8.1.1　城市综合交通

1. 城市对外交通

城市对外交通泛指城市与其他城市之间的交通，以及城市地域范围内的地区与周围城镇、乡村间的交通，其主要交通形式有航空、铁路、公路、水运等。城市中常设有相应的设施，如机场、铁路线路及站场、长途汽车站场、港口码头及其引入城市的线路。城市对外交通总体布局应关注对外交通与城市交通的衔接关系以及对外交通设施在城市中的布置。

2. 城市交通

广义的城市交通是指城市（区）范围以内的交通，或称为城市各种用地之间人和物的流动。这些流动都是以一定城市用地为出发点，以一定城市用地为终点，经过一定城市用地而进行的。

通常所说的"城市交通"是指城市道路上的交通，主要分为货运交通和客运交通两大部分，城市道路上的交通是城市交通的主体，城市客运交通是城市交通研究的重点。现代大城市的发展表明，大城市、特大城市中轨道交通（地铁、轻轨等）具有重要的地位和作用。此外，在一些城市还会有水运交通（轮渡、船运）和其他方式的交通。

3. 城市公共交通

城市公共交通是城市交通中与城市居民密切相关的一种交通，是使用公共交通工具的城市客运交通，包括公共汽车、有轨电车、地铁、轻轨、轮渡、市内航运、出租汽车等（将来还可能出现空中公共运输）。

4. 城市交通系统

通常把以城市道路交通为主体的城市交通作为一个系统来研究（图 8-1）。城市交通系统是城市大系统中的一个重要子系统，体现了城市生产、生活的动态的功能关系。城市交通系统是由城市运输系统（交通行为的运作）、城市道路系统（交通行为的通道）和城市交通

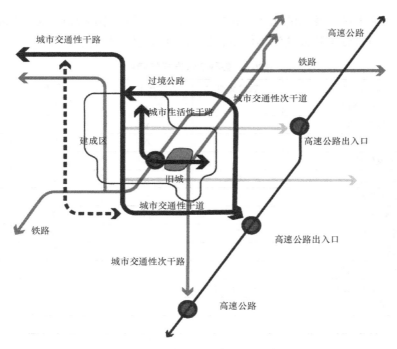

图 8-1　城市交通系统结构示意图

管理系统（交通行为的控制）组成的。城市道路系统是为城市运输系统完成交通行为而服务的，城市交通管理系统是整个城市交通系统正常、高效运转的保证。

城市交通系统是城市的社会、经济和物质结构的基本组成部分。城市交通系统把分散在城市各处的生产、生活活动连接起来，在组织生产、安排生活、提高城市客货流的有效运转及促进城市经济发展方面起着十分重要的作用。城市的用地布局结构、规模大小，甚至城市的生活方式都需要一个城市的交通系统支撑。各种交通方式的运输能力比较如图 8-2 所示。洛杉矶的分散布局离不开它密集的高速公路网；伦敦的生活方式取决于它于 19 世纪形成的地铁网；纽约曼哈顿的繁华有赖于发达的地铁和公交系统；巴黎历史文化环境没有受到现代

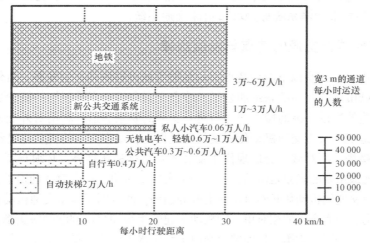

图 8-2　各种交通方式的运输能力比较

机动交通的过大冲击是与发达的地铁网和公交网分不开的；我国城市形态呈同心圆式的发展模式则与普遍采用自行车和公共汽车作为客运工具有关（表8-1）。

表8-1　各种交通方式的特点

对交通手段的要求	轨道交通	汽车	自行车	徒步
运输量（特别是高峰时段）	○	×	△	○
占用的城市空间	○	×	△	○
在市区行走的速度	○	△	△	×
事故发生率	○	△	○	○
废气排出	○	×	○	○
交通堵塞	○	×	△	○
准时	○	×	○	○
费用负担	○	×	○	○
发生灾害时的危险程度	○	△	○	○
随心所欲（随时出发）	×	○	○	○
机动性（变更目的地）	△（换乘）	○	○	○
户对户运送	×	○	○	○
私密性	×	○	×	×
货物运输（短距离、少量）	△	○	△	×
休闲娱乐	△	○	○	○
社会地位象征	×	○	×	×
运动性	×	△	○	○
平均速度	○	○	△	×
货物运输（长距离、大量）	○	○	×	×
噪声、震动	△	×	○	○

注：○表示可较好地满足要求，×表示不能满足要求，△表示可满足要求但程度较低。

5. 城市道路交通系统

城市道路是城市交通的主要通道，城市中还有一些路外的客运通道系统，如地铁、架空或地面独立设置的悬轨等专用通道，需要通过站点设施与城市道路系统相联系，所以人们又把城市道路系统和城市运输系统称为城市道路交通系统。

8.1.2　现代城市交通的特点与发展规律

我国现代城市交通共有以下两个特点：一是随着城市经济和社会发展，对外联系和交往加强。城市交通与城市对外交通的联系加强了，综合交通和综合交通规划的概念更为清晰，要求加快对外交通设施的建设，疏通城市交通与对外交通的联系通道，利用对外交通条件，拓展城市发展空间。二是随着城市交通机动化程度的明显提高，城市交通的机动化已经成为现代城市交通发展的必然趋势。面对城市交通现代化发展的新特点和新趋势，必须有新的思路和新的对策。现代城市交通最重要的表象是机动化，机动化实质是对快速和高效率的追求，这是符合时代发展精神的。城市交通的机动化必然呈迅速上升的趋势。西方国家城市交通机动化的进程伴随着非机动交通的衰退，因而产生的相对单一的机动交通的组织和交通问题的解决都比较简单。我国城市交通机动化的发展很不均衡，目前城市交通机动化水平还比较低，由于大量以自行车为主的非机动车交通仍然占有相当大的比例，城市交通的复杂性十分明显，解决交通问题的难度很大。

城市交通是顺应城市经济、社会和城市的发展而发展的。城市交通拥挤一定程度上是城市经济繁荣和人民生活水平提高的表现。随着城市化的迅速发展，农村剩余劳动力不断涌向城市，城市人口构成日趋复杂，人口密度日趋密集，人口整体素质水平在一定程度上有所下滑。

随着城市交通机动化的迅速发展，城市机动交通比例不断提高，机动交通与非机动交通、行人步行交通的矛盾不断激化，机动交通与守法意识薄弱的矛盾日渐明显。随着城市的不断扩展，居民的出行量和交通量不断增加，出行距离不断加大，交通需求越来越大，而城市交通设施的建设就数量而言，永远赶不上城市交通的发展，这是客观必然。

然而，城市和城市交通的发展就一定的地域来说不是无限制的，交通的拥挤会导致交通源的外移和交通方式的改变；近年来我国城市公共交通的发展已经显现出对解决城市交通问题有明显的作用。所以，不能把城市交通的发展视为洪水猛兽，要认清城市交通发展的形式、树立解决城市交通问题的信心和决心。

现代城市交通机动化的迅速发展也势必对人的行为规律和城市形态产生巨大影响，城市交通机动化的发展也会成为城市社会经济和城市发展的制约因素。现代城市交通的复杂性要求对城市交通要进行综合性的战略研究和综合性的规划，城市规划要为城市和城市交通的现代化发展做好准备。现代城市交通的发展要求我们立志变革，不但要变革我们的理念，而且要理智地对城市布局结构和城市道路交通系统结构进行变革，以适应城市交通的现代化发展。不同交通方式的适用范围如图 8-3 所示。

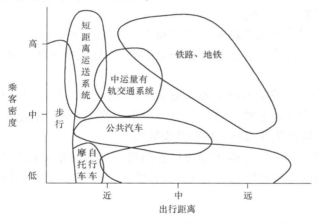

图 8-3　不同交通方式的适用范围

8.2　城市综合交通规划的内容要求

8.2.1　城市综合交通规划基本概念

城市综合交通涵盖了存在于城市中及与城市有关的各种交通形式，包括城市对外交通和城市交通两大部分。城市现代化发展已经使城市交通系统的综合性和复杂性更为突出，以综合性的思维和方法进行城市交通系统规划势在必行。

　　城市综合交通规划就是将城市对外交通和城市内的各类交通与城市的发展和用地布局结合起来进行系统性综合研究的规划，是城市总体规划中与城市土地使用规划密切结合的一项重要的工作内容。城市综合交通规划不应脱离城市土地使用规划独立进行。目前在一些城市中，为配合城市交通的整治和重要交通问题的解决而单独编制的城市综合交通规划，也应与用地布局规划密切结合。

　　城市综合交通规划要从"区域"和"城市"两个层面进行研究，并分别对市域的"城市对外交通"和中心城区的"城市交通"进行规划，并在两个层次的研究和规划中处理好对外交通与城市交通的衔接关系。

8.2.2　城市综合交通规划的作用

　　城市综合交通规划的作用包括：建立与城市用地发展相匹配的、完善的城市交通系统，协调城市道路交通系统与城市用地布局的关系、与城市对外交通系统的关系，协调城市中各种交通方式之间的关系。

　　全面分析城市交通问题产生的原因，提出综合解决城市交通问题的根本措施，使城市交通系统有效地支撑城市的经济、社会发展和城市建设，并获得最佳效益。

8.2.3　城市综合交通规划的目标

　　城市综合交通规划的目标包括：

　　（1）通过改善与经济发展直接相关的交通出行来提高城市的经济效率。确定城市合理的交通结构，充分发挥各种交通方式的综合运输潜力，促进城市客、货运交通系统的整体协调发展和高效运作。

　　（2）在充分保护有价值的地段（如历史遗迹）、解决居民搬迁和财政允许的前提下，尽快建成相对完善的城市交通设施。通过多方面投资来提高交通可达性。拓展城市的发展空间，保证新开发的地区都能获得有效的公共交通服务。

　　（3）在满足各种交通方式合理运行速度的前提下，把城市道路上的交通拥挤控制在一定范围内。利用有效的财政补贴、社会支持和科学的多元化经营，尽可能使运输价格水平适应市民的承受能力。

8.2.4　城市综合交通规划的内容

1. 城市交通发展战略研究的工作内容

　　（1）现状分析。分析城市交通发展的过程、出行规律、特征和现状，城市道路交通系统中存在的问题。

　　（2）城市发展分析。根据城市经济社会和空间的发展，分析城市交通发展的趋势和规律，预测城市交通总体发展水平。

　　（3）战略研究。确定城市综合交通发展目标，确定城市交通发展模式，制定城市交通发展战略和城市交通政策，预测城市交通发展、交通结构和各项指标，提出实施规划的重要技术经济政策和管理政策。

　　（4）规划研究。结合城市空间和用地布局基本框架，提出城市道路交通系统的基本结构和初步规划方案。

2. 城市道路交通系统规划的工作内容

（1）规划方案。依据城市交通发展战略，结合城市土地使用规划方案，具体提出城市对外交通、城市道路系统、城市客货运交通系统和城市道路交通设施的规划方案。确定相关各项技术要素的规划建设标准，落实城市重要交通设施用地的选址和用地规模。

（2）交通校核。在规划方案基本形成后，采用交通规划方法对城市道路交通系统规划方案进行交通校核，提出反馈意见，并从土地使用和道路交通系统两方面进行修改，最后确定规划方案。

（3）实施要求。提出对道路交通建设的分期安排和相应的政策措施与管理要求。

城市交通设施一览如图 8-4 所示。

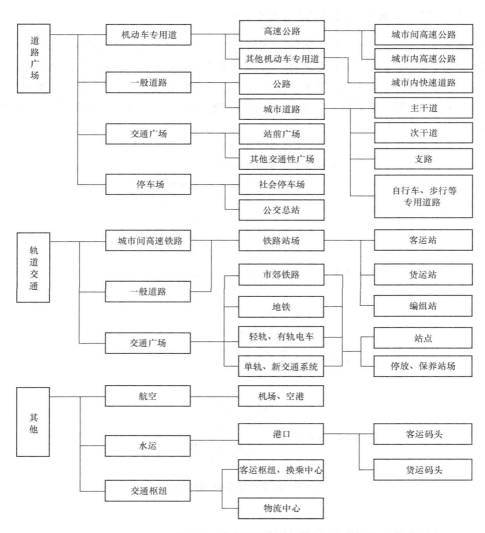

图 8-4　城市交通设施一览

8.3 城市交通调查与分析

8.3.1 城市交通调查的目的与要求

城市交通调查是进行城市交通规划、城市道路系统规划和城市道路设计的基础工作，其目的是通过对交通现状的调查与分析，摸清城市道路的交通状况，城市交通的产生、分布、运行规律以及现状存在的主要问题，要求做到调查全面深入、资料丰富准确、分析透彻、实事求是、实效性强。城市交通调查包括城市交通基础资料调查、城市道路交通调查和交通出行 OD 调查等。

8.3.2 城市交通基础资料调查与分析

收集城市人口、就业、收入、消费、产值等社会、经济现状与发展资料；收集城市公共交通客运总量，货运总量，对外交通客、货运总量等运输现状与发展资料；收集城市各类车辆保有量、出行率，交通枢纽及停车设施等资料；收集城市道路环境污染与治理资料等。根据调查的资料，分析城市车辆、客货运量的增长特点和规律。城市交通基础资料调查如图8-5所示。

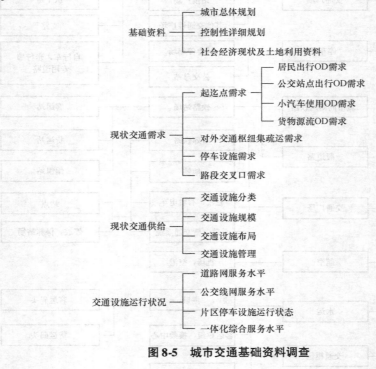

图 8-5 城市交通基础资料调查

8.3.3 城市道路交通调查与分析

城市道路交通调查包括对机动车、非机动车、行人的流量、流向和车速等的调查，一般选择城市道路的控制交叉口，对全市道路网分别进行全年、全周、全日和高峰时段的观测，对特殊路段、特殊地段的特定交通进行调查，以及对过境交通的流量、流向进行调查等。通过调查，分析交通量在道路上的空间分布和时间分布以及过境交通对城市道路网的影响，结合道路与用地的功能关系，进一步分析城市交通存在问题的原因。

8.3.4　交通出行 OD 调查与分析

1. 交通区划分

为了对 OD 调查获得的资料进行科学分析，需要把调查区域分成若干交通区，每个交通区又可分为若干交通小区。调查区应该尽可能包括所有对出行状态发生影响的建成区和在预测期内可能发展的新建区。调查区以外的郊区也要分成比较大范围的外部交通区。

划分外部交通区应符合下列条件：

（1）交通区应与城市用地布局规划和人口等调查的划区相协调，以便于综合交通区的土地使用和出行生成的各项资料。

（2）交通区划分应便于把该区交通分配到交通网上，如城市干路网、城市公共交通网和地铁网。

（3）应使每个交通区预期的土地使用动态和交通的增长大致相似。

（4）交通区的大小也取决于调查的类型和调查区域的大小。交通区划得越小，精确度越高，但资料整理工作会越困难。

（5）在划定交通区后，还要考虑划出一条或多条分隔查核线。查核线是在外围境界线范围内分隔成几个大区的分界线，使每一次出行通过这条线不超过一次，用以查核所调查的资料。在可能的条件下可选取对交通起障碍作用的天然地形（如河流）或人工障碍物（如铁路）作为查核线。

OD 调查对比表见表 8-2。

表 8-2　OD 调查对比表

OD 调查类型	抽样率及抽样方法	调查方法	扩样方法	结果校验
居民出行调查	抽样率建议值见表 8-3，一般采用分层等距抽样法	家访调查法	基于出行链的分类扩样	选择分隔交通走廊的天然屏障作为核查线进行校验，误差控制在 15% 以内
公交 OD 调查	目前尚没有抽样率的推荐值，建议根据线网规模及运营情况综合确定，一般采用分时段等距抽样法	小票法	基于抽样率的扩样法	与部分站点的上车人数、公交公司提供的客运量等数据进行比较，对扩样后的 OD 进行修正

2. 居民出行调查

居民出行 OD 调查的对象包括年满 6 岁以上的城市居民、暂住人口和流动人口。调查的内容包括调查对象的社会经济属性（家庭地址、用地性质、家庭成员情况、经济收入等）和调查对象的出行特征（出行起终点、出行目的、出行次数、出行时间、出行路线、交通方式的选择等）。为了减少调查的工作量，一般采用抽样家庭访问的方式进行调查，抽样率应根据城市人口规模大小在 4% 到 20% 之间选用。调查数据的搜集方法有家庭访问法、路旁询问法、邮寄回收法等。为了保证调查质量，一般建议采用专业调查人员家庭访问法（表8-3）。

表 8-3　样本率确定

城市人口/万	<10	10～30	30～50	50～100	100～300	>300
样本率/%	15	10	6	5	4	3

通过居民出行调查，可以研究居民出行生成形态，得到交通生成指标、居民出行规律及居民出行生成与土地使用特征、社会经济条件之间的关系。

居民出行规律包括出行分布和出行特性。其中城市居民的出行特性有下列四项要素。

（1）出行目的。包括上下班出行（含上下学出行）、生活出行（购物、游憩、社交）和公务出行三大类。交通规划主要研究上下班出行，这是形成客运高峰的主要出行。

（2）出行方式。即居民出行采用步行或使用交通工具的方式。城市居民采用各种出行方式的比例称为出行结构或交通结构。目前，我国城市居民解决出行的方式主要是步行、骑自行车、乘公交车和其他机动车。随着城市机动化的发展、私人小汽车出行比重的增大、生活出行量及出行距离的增加，城市交通结构也将发生较大的变化。

（3）平均出行距离。即居民平均每次出行的距离，还可以用平均出行时间和最大出行时间来表示。平均出行距离与城市规模、城市形态、城市用地布局、人口分布、出行方式等有关。城市交通条件的改善可以使相同的出行时间内的出行范围增大，即加大了平均出行距离；或对于相同的出行距离减少了平均出行时间，相对拉近了空间距离。城市由单一中心布局转化为组团式中心布局，可以使多数人的出行范围减少，从而缩短了平均出行距离。

（4）日平均出行次数。即每日人均出行次数，反映城市居民对生产、生活活动的要求程度。生产活动越频繁，生活水平越高，日平均出行次数就越多。

3. 货运出行调查

货运出行调查常采用抽样法、调查表或深入单位访问的方法，调查各工业企业、仓库、批发部、货运交通枢纽、专业运输单位的土地使用特征、产销储运情况、货物种类、运输方式、运输能力、吞吐情况、货运车种、出行时间、路线、空驶率以及发展趋势情况。通过分析，可以研究货运出行生成的形态、取得货运交通生成指标，货运出行与土地使用特征（性质、面积、规模）、社会经济条件（产值、产量、货运总量、生产水平）之间的关系，得到全市不同货物运输量、货流及货运车辆的（道路）空间和时间分布规律。

8.3.5　现状城市道路交通问题分析

城市道路交通系统既要解决运送大量城市客流以满足城市生产和生活活动的需要的矛盾，同时又要解决由这些活动所产生的矛盾，这些矛盾包括交通拥挤、交通肇事、交通污染及对城市景观的破坏等。现状城市道路交通问题分析是城市交通发展战略研究的重要内容和城市道路交通网络规划的依据。

现状城市道路交通问题及产生的原因如下。

（1）"城市道路交通设施的建设不能满足交通增长的需求"。城市交通需求的增长与城市经济发展、社会发展、城市人口增长、城市用地布局结构和城市人口分布有关。城市人口的过度增长，城市布局的不合理，城市人口分布的不合理，不必要地加大了城市交通的出行量和出行距离，是城市道路交通问题产生的根本原因。

（2）"南北不通，东西不畅"，表明了城市道路交通设施的不完善，城市道路交通网络存在系统缺陷。

（3）"交通混杂、交通效率低下"，是现状城市道路交通网络功能不分（交通性、生活性不分，快慢不分）以及道路功能与道路两侧用地性质的不协调造成的。

（4）"重要节点交通拥堵"，除现状城市道路交通系统上的衔接和缓冲关系处理不当外，规划对重要节点的细部安排存在缺陷。

此外，城市交通管理中的问题和道路设计中的细节问题也经常是产生城市道路交通问题和交通效率低下的重要因素。

8.4　城市对外交通规划

8.4.1　城市对外交通规划思想

城市对外交通运输是指以城市为基点，与城市外部进行联系的各类交通运输的总称，主要包括铁路、公路、水运和航空。铁路、公路、水运和航空是国家和区域的交通，都有适应国家和区域经济、社会发展的行业规划，城市对外交通规划一方面要充分利用国家和区域交通设施规划建设条件来加强市域内城镇间的交通联系，发展市域城镇体系；另一方面要根据市域城镇经济、社会发展的需要，进行补充和局部调整，完善城市对外交通规划。

8.4.2　铁路规划

1. 铁路分类、分级

铁路是城市主要的对外交通设施。城市范围内的铁路设施基本上可分为两类：一类是直接与城市生产、生活有密切关系的客、货运设施，如客运站、综合性货运站及货场等；另一类是与城市生产、生活没有直接关系的铁路专用设施，如编组站、客车整备场、迂回线等。

2. 铁路站场在城市中的布置

铁路设施应按照它们对城市服务的性质和功能进行布置，与城市布局要有良好的关系。铁路客运站应该靠近城市中心区布置，如果布置在城市外围，即使有城市干路与城市中心相连，也容易造成城市结构过于松散，居民出行不便；为工业区和仓库区服务的工业站和地区站则应布置在相关地段附近，一般设在城市外围；其他铁路专用设施则应在满足铁路技术要求及配合铁路枢纽总体布局的前提下，尽可能布置在城市外围，不应影响城市的正常运转和发展。随着我国铁路事业的发展，国家高速铁路客运干线和城市间快速铁路客运干线的建设，铁路系统实现客、货分流已经开始实施，城市总体规划中的铁路规划应该为此做出安排。

在城市铁路布局中，站场位置起着主导作用，线路的走向是根据站场与站场、站场与服务地区的联系需要而确定的。铁路站场的位置和数量与城市的性质、规模、总体布局，铁路运输的性质、流量、方向、自然地形等因素有关。

（1）会让站、越行站是铁路正线上的分界点，间距为 8～12 km，主要进行铁路运行的技术作业、场站布置不一定要与居民点结合。其布置形式有横列式、纵列式和半纵列式，长度为 1 ~ 2.7 km，站坪宽度除正线外，配到发线 1 ~ 2 条。

（2）中间站是客、货合一的小车站，多设在中小城市，采用横列式布置，间距为 20 ~ 40 km。按客运站、货场和城市三者的相对位置关系，有客货城同侧布置，客货对侧、客城同侧布置，客货对侧、货城同侧布置三种布置方式。城市规划应尽可能将铁路布置在城市一侧，货场设置要方便货运，减少对城市的干扰，尽量减少城市跨铁路交通（图 8-6）。

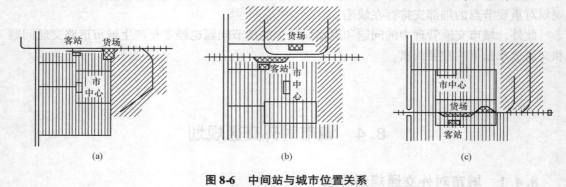

图 8-6　中间站与城市位置关系

（3）区段站除了中间站的作业以外，还有机务段，到发场和调车场等，进行更换机车和乘务组、车辆检修和货物列车的集结编组等业务。区段站的用地面积较大，按照横列式与纵列式布置，其长度为 2 ~ 3.5 km、宽度为 250 ~ 700 m。

（4）编组站是为货运列车服务的专业性车站，承担车辆解体、汇集，甩挂和改编的业务。编组站由到发场、编组场、驼峰、机务段和通过场组成，用地范围一般比较大，其布置要避免与城市相互干扰，同时也要考虑职工的生活。对一个大型铁路枢纽城市来说，可能不止一个编组站，要分类型合理布置。

（5）客运站的位置既要方便旅客又要提高铁路运输效能，并应与城市的布局有机结合。客运站的服务对象是旅客，为方便旅客，位置要适当。中、小城市客运站可以布置在城市边缘，大城市可能有多个客运站，应深入城市中心区边缘布置，由于城市的发展，原有铁路客站和铁路线路被包围在城市中心区内，与城市交通矛盾加大，也影响了城市的现代化发展。规划时要结合铁路枢纽的发展与改造，研究客站设施和线路逐渐进行调整的必要性和调整的方案。

客运站的布置方式有通过式、尽端式和混合式三种。中、小城市客运站常采用通过式的布局形式，可以提高客运站的通过能力；大城市、特大城市的客运站常采用尽端式或混合式的布置，可减少干线铁路对城市的分割。大城市、特大城市客运站地区的城市交通条件较好，城市功能比较综合配套，常形成综合性的交通、服务中心。为方便旅客、避免交通性干路与站前广场的相互干扰，可将地铁直接引进客运站，或将客运站伸入城市中心地下。

客运站是对外交通与市内交通的衔接点，要考虑到旅客的中转换乘的方便，客运站必须与城市的主要干路相衔接，以方便联系城市各部分及其他联运对外交通设施（车站、码头等）；要协调好铁路与市区公交、长途汽车和商业服务的关系，做到功能互补和利益共享，实现地区发展目标（图 8-7、图 8-8）。

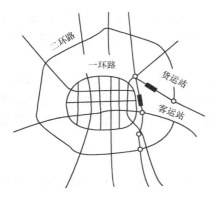

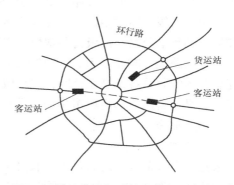

图 8-7　铁路线路与方格网式道路系统关系　　　　**图 8-8　铁路线路与放射式道路系统关系**

（6）中小城市一般设置一个综合性货运站或货场，其位置既要满足货物运输的经济合理要求，也要尽量减少对城市的干扰（图 8-9）。大城市、特大城市的货运站应按其性质分别设于其服务的地段。以到发为主的综合性货运站（特别是零担货物）一般应接近货源或结合货物流通中心布置，以某几种大宗货物为主的专业性货运站应接近其供应的工业区、仓库区等大宗货物集散点，一般应设在市区外围；不为本市服务的中转货物装卸站则应设在郊区，结合编组站或水路联运码头设置；危险品（易爆、易燃、有毒）及有碍卫生（如牧畜货物）的货运站应设在市郊，要有一定安全隔离地带。

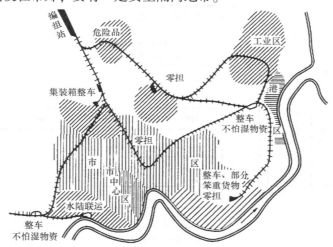

图 8-9　货运站在城市中的位置

8.4.3　公路规划

1. 公路分类、分级

（1）公路分类。公路根据公路的性质和作用及其在国家公路网中的位置，分为国道（国家级干线公路）、省道（省级干线公路）、县道（县级干线公路，联系各乡镇）和乡道。设市城市可设置市道，作为市区联系市属各县城的公路。

（2）公路分级。公路按公路的使用任务、功能和适应的交通进行分级，可分为高速、一级、二级、三级、四级公路。高速公路为封闭的汽车专用路，是国家级和省级的干线公路；一级、二级公路常用作联系高速公路和中等以上城市的干线公路；三级公路常用作联系县和城镇的集散公路；四级公路常用作沟通乡、村的地方公路。

高速公路设计时速多为 100～120 km（山区可降低为 60 km/h）。大城市、特大城市布置高速公路环线联系各条高速公路，并与城市快速路网相衔接。对中、小城市，考虑城市未来的发展，高速公路应远离城市中心，采用互通式立体交叉以专用入城道路（或一般等级公路）与城市联系。

2. 公路在市域内的布置

公路在市域范围内的布置主要取决于国家和省公路网的规划，同时要满足市域城镇体系发展的需要（图 8-10）。规划时要注意以下问题。

（1）要有利于城市与市域内各乡、镇之间的联系，适应城镇体系发展的规划要求。

（2）干线公路要与城市道路网有合理的联系。国道、省道等过境公路应以切线或环线绕城而过。县道也要绕村、镇而过。作为公路枢纽的大城市、特大城市，应在城市道路网的外围布置连接各条干线公路的公路环线，再与城市道路网联系。高速公路应与城市快速路相连，一般等级公路应与城市常速交通性干路相连。

（3）要逐步改变公路直接穿过小城镇的状况，并注意防止新的沿公路进行建设的现象发生。

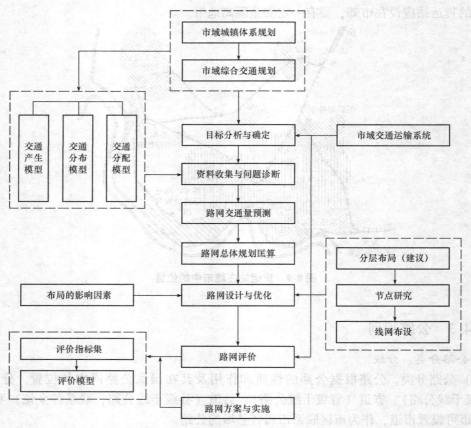

图 8-10　市域公路网规划流程

3. 公路汽车场站的布置

公路汽车场站的布置应依据城市总体规划功能布局和城市道路交通系统规划，合理布置长途汽车站的位置，既要方便使用又不影响城市的生产和生活，并与铁路车站、水运码头有较好的联系，便于组织联运。

公路汽车站又称为长途汽车站，按其性质可分为客运站、货运站、技术站和混合站，按车站所处的地位又可分为起点站、终点站、中间站和区段站。

（1）客运站。大城市、特大城市和作为地区公路交通枢纽的城市，公路客货流量和交通量都很大。多个方向的长途客运常设置多个客运站，并与货运站和技术站分开设置，方便旅客出行。客运站常设在城市中心区边缘，用城市交通性干路与公路相连，公路长途客运站应纳入城市客运交通枢纽规划，与城市公共交通换乘枢纽合站设置。

中、小城市规模不大，车辆数量不多，为便于管理和精减人员，一般可设一个长途客运站，或将客运站与货运站合并，也可与技术站组织在一起。

有的城市在铁路客运量和长途汽车客运量都不大时，将长途汽车站与铁路车站、城市公共交通首末站结合布置，形成城市对外客运交通枢纽，既方便旅客又有益于布局的合理。

（2）货运站、技术站。货运场站的位置选择与货主的位置和货物的性质有关。供应城市日常生活用品的货运站应布置在城市中心区边缘；以工业产品、原料和中转货物为主的货运站应布置在工业区、仓库区或货物较为集中的地区，亦可设在铁路货运站、货运码头附近，以便组织水陆联运。货运站要结合城市物流中心的规划布局，并要与城市交通干路有好的联系。技术站要担负清洗、检修汽车的工作，用地面积较大，且对居民有一定的干扰。技术站一般设在市区外围靠近公路线附近，与客、货运站都能有方便的联系，要注意避免对居住区的干扰。

（3）公路过境车辆服务站。为减少进入市区的过境交通量，可在对外公路交汇的地点或城市入口设置公路过境车辆服务设施，如车站、维修保养站、加油站、停车场（库）以及旅馆、餐厅、邮局、商店等，既方便暂时停留的过境车辆的检修、停放，为司机与旅客创造休息、换乘的条件，又可避免不必要的车辆和人流进入市区。这些设施也可与城市边缘的小城镇结合设置，也有利于小城镇的发展。

市域路网布局典型形式如图 8-11 所示。

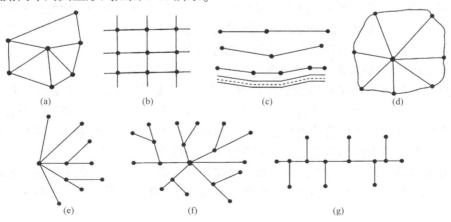

图 8-11　市域路网布局典型形式

（a）三角形；（b）棋盘形；（c）并列形；

（d）放射形；（e）扇形；（f）树杈形；（g）条形

8.4.4 港口规划

1. 港口选址与规划原则

（1）港口选址应与城市总体规划布局相协调。港口选址既要满足港口技术上的要求，也要符合城市发展的整体利益。在城市总体规划中要合理协调港口与居住区、工业区等城市用地的相互关系，妥善处理相互影响和发展的矛盾，以有利于城市和港口的发展。

（2）港口建设应与区域交通综合考虑。港口的规模与其腹地服务范围密切相关，港口的发展可有效地带动腹地区域经济的发展，并为港口提供充足的货源。所以在港口建设中，港口疏运系统的布置十分重要，应综合考虑港口内部疏运系统（港内铁路和港区道路）与港口外部疏运系统（区域性铁路、公路和城市道路）的有机联系和合理衔接。

为货运港货物疏运服务的疏港铁路线和公路线的布置，要有利于港口与不同方向腹地的区域性货运铁路干线和货运公路干线联系，同时不应影响城市的土地使用和城市交通。在经过城市地段的位置，有条件时可以设置货运交通走廊与城市相对隔离。疏港公路可以有限地与城市货运交通干路连接，实现为城市服务。

客运港要与城市客运交通干路连接，要考虑城市公共交通的服务，并与铁路车站、长途汽车站有方便的联系。

（3）港口建设与工业布置要紧密结合。货运量大而污染易于治理的工厂尽可能沿河、海有建港条件的岸线布置。特别是深水港的建设可以推动港口工业区的发展，港口与工业相结合的临港工业区的发展已成为港口城市工业发展的重要形式。

（4）合理进行岸线分配与作业区布置。岸线分配应遵循"深水深用，浅水浅用，避免干扰，各得其所"的原则，水深 10 m 的岸线可停万吨级船舶，应充分用作港口泊位；接近城市生活区的位置应留出一定长度的岸线为城市生活休息使用。一个综合性城市的港口通常按客运、煤、粮、木材、石油、杂货、集装箱以及水陆联运等作业要求布置成若干个作业区。

（5）加强水陆联运的组织。港口是水陆联运的枢纽。规划时要妥善安排水陆联运和水水联运提高港口的输运能力。在改造老港和建设新港时，要考虑与铁路、公路、管道和内河水运的密切配合，特别重视对运量大、成本低的内河运输的充分利用。因此，要做好内河航道水系规划，以增加铁路、公路的联运。同时要提高港口的通过能力，并配置一定数量的仓库、堆场，以增加港口（包括城市）的货物储存能力。

2. 客运港与旅游码头在城市中的布置

客运港是专门停泊客轮和转运快件货物的港口，又称客运码头，按港口所在城市的地位，客运量的大小和航线特征分为三个等级，客运量不大的港口可以设置客货联合码头。

客运港应选在与城市生活性用地相近、交通联系方便的位置，综合考虑港口作业、站房设施、站前广场、站前配套服务设施等的布置，要与城市干路相衔接。

需设置旅游码头的旅游城市，应根据旅游路线的组织、旅游道路的布置选定旅游码头的位置，要注意避免与高峰小时拥挤的地段和道路接近，旅游码头附近还应考虑配套服务设施的布置。

客运港和旅游码头都应配套建设停车设施。

大连港港口布局如图 8-12 所示。

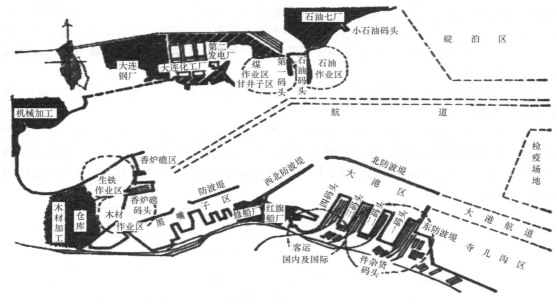

图 8-12　港口布局（大连港）

8.4.5　航空港规划

1. 航空港分类

（1）民用航空港（机场）按其航线性质可分为国际航线机场和国内航线机场。

（2）民用机场按航线布局可分为枢纽机场、干线机场和支线机场。

（3）枢纽机场是全国航空运输网络和国际航线的枢纽，是运输业务量特别繁忙的机场。

（4）干线机场是以国内航线为主，可开辟少量国际航线，可全方位建立跨省跨地区的国内航线，运输量较为集中。

（5）支线机场是分布在各省、自治区内没有通往邻近省区的短途航线的机场，业务量较少。

（6）民用机场等级按年旅客吞吐量、基准飞行场地长度（跑道长度）和飞机翼展（跑道宽度）确定为 1、2、3、4、5、6 和 A、B、C、D、E 级（表 8-4）。

表 8-4　民用机场航站区、飞行区指标

代码	年旅客吞吐量/万人	代码	基准飞行场地长度/m	代码	飞机翼展/m
1	<10	1	<800	A	<15
2	10～50	2	800～1 200	B	15～24
3	50～200	3	1 200～1 800	C	24～36
4	200～1 000	4	≥1 800	D	36～52
5	1 000～2 000			E	52～65
6	≥2 000				

2. 航空港布局规划

要从区域的角度考虑航空港的共用性及其服务范围。在城市分布比较密集的区域，应在各城市使用都方便的位置设置若干城市共用的航空港，高速公路的发展有利于多座城市共用一个航空港。随着航空事业的进一步发展，一个特大城市周围可能布置若干个机场。除非有特殊的理由（如著名旅游胜地），机场应适度集中，力戒分散建设，否则客源不足，将造成经济上的不合理。

航空港的选址要满足保证飞机安全起降的自然地理和气象条件，要有良好的工程地质和水文地质条件。

随着航空事业的迅速发展，航空在城市对外交通运输中的比重与日俱增，航空港与城市的关系也越来越密切，同时带来了对城市的机场净空限制（图 8-13、图 8-14）、噪声干扰和电磁波干扰控制等的影响。同时，航空港与城市的客运交通联系的强度和方式也会对城市的交通产生影响。

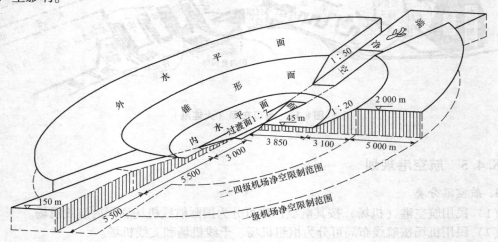

图 8-13　机场对于净空的要求（一）

注：图中标明数字均为一级机场净空限制范围。

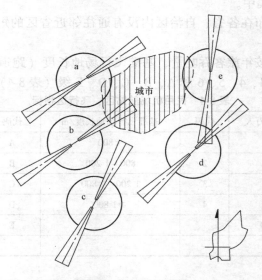

图 8-14　机场对于净空的要求（二）

从净空限制的角度分析，航空港的选址应尽可能使跑道轴线方向避免穿过市区，最好位于与城市侧面相切的位置。机场跑道中心与城市边缘的最小距离以 5~7 km 为宜。如果跑道轴线方向通过城市，则跑道靠近城市的一端与城区边缘的距离至少要保持 15 km。这种布置方式也有利于减少飞机起飞、降落时噪声对城市的影响。

为满足机场对通信联络的要求，避免电波、磁场等对机场导航、通信系统的干扰，在选择航空港位置时，要考虑机场对周围的高压线、变电站、发电站、电信台、广播站、电气铁路以及有高频设备或 X 射线设备的工厂、企业、科研、医疗单位的影响，并应按有关技术规范规定与它们保持一定距离。另外，机场也应与铁路编组站保持适当的距离。

3. 航空港与城市的交通联系

城市规划要注意妥善处理航空港与城市的距离及交通联系问题。从机场自身及对城市的干扰、人防、安全等方面考虑，航空港与城市的距离远些为好；从航空港为城市服务、更大地发挥高速的航空交通优越性来说，则要求航空港接近城区。现代航空技术发展较快，要达到机场选址的要求，国际航空港与城区的距离一般都应超过 10 km。我国城市城区与航空港的距离一般为 20~30 km，必须努力争取在满足机场选址要求的前提下，尽量缩短航空港与城市的距离。

航空港与城市的地面交通联系的速度和效率已成为提高现代空运速度的主要问题。为了充分发挥航空运输快速的特点，加强城市与航空港之间的联系，有必要建设航空港与城市之间直接的、高速的、通畅的道路交通系统。其常采用专用高速公路的方式，使航空港与城市间的时间距离保持在 30 min 以内，有条件时亦可采用高速列车（包括悬挂单轨车）、专用铁路、地铁和直升机等方式实现航空港与城市的快捷联系。

8.5 城市道路系统规划

8.5.1 影响城市道路系统布局的因素

城市道路系统是组织城市各种功能用地的"骨架"，又是城市进行生产活动和生活活动的"动脉"。城市道路系统布局是否合理，直接关系到城市是否可以合理、经济地运转和发展。道路系统一旦确定，实质上决定了城市发展的轮廓、形态，这种影响是深远的，在一个相当长的时期内发挥作用。影响城市道路系统布局的因素主要有三个：城市在区域中的位置（城市外部交通联系和自然地理条件）、城市用地布局结构与形态（城市骨架关系）、城市交通运输系统（市内交通联系）。

8.5.2 城市道路系统规划基本要求

1. 满足组织城市用地的"骨架"要求

（1）城市各级道路应成为划分城市各组团、各片区地段、各类城市用地的分界线。如城市一般道路（支路）和次干路可能成为划分小街坊或小区的分界线，城市次干路和主干路可能成为划分城市片区或组团的分界线。

（2）城市各级道路应成为联系城市各组团、各片区地段、各类城市用地的通道。如城市支路可能成为联系小街坊或小区之间的通道，城市次干路可能成为联系组团内各片区、各大街坊或居住区的通道，城市主干路可能成为联系城市各组团、片区的通道，公路或快速路又可把郊区城镇与中心城区联系起来。城市道路等级划分一览表见表8-5。

表8-5　城市道路等级划分一览表

道路等级	交通特征	机动车设计速度 / (km·h⁻¹)	道路交通密度 / (km·km⁻²)	机动车车道数/条	道路宽度 /m	设计要点
快速路	大中城市的骨干或过境道路，承担城市中的大量、长距离、快速交通	60~80	0.3~0.5	4~8	35~45	立体交叉，对向车行道之间设置中间分车带，可封闭或半封闭，两侧不应设置吸引大量车流、人流的公共建筑物的出入口
主干路	全市性干路，连接城市各主要分区，以交通功能为主	40~60	0.8~1.2	4~8	35~55	自行车交通量大时，宜采用机动车与非机动车分隔形式，如三幅路或四幅路，两侧不应设置吸引大量车流、人流的公共建筑物的进出口
次干路	地区性干路，起集散交通的作用，兼有服务功能	40	1.2~1.4	2~6	30~50	
支路	次干路与街坊路的连接线，解决局部地区交通，以服务功能为主	30	3.0~4.0	2~4	15~30	

（3）城市道路的选线应有利于组织城市的景观，并与城市绿地系统和主体建筑相配合形成城市的"景观骨架"。

从交通和施工的观点，道路宜直、宜平，有时甚至有意识地把自然弯曲的道路裁弯取直，结果往往使景观单调、呆板，即使有好的景点或建筑作为对景，也是角度不变、形体由远及近逐渐放大的"死对景"。规划中对于交通功能要求较高的道路，可以尽可能选线直接，两旁布置较为开敞的绿地，体现其交通性；也可以适当弯曲变化，活跃气氛，减少驾驶人员视觉疲劳。对于生活性的道路，则应该充分结合地形，与城市绿地、水面、城市主体建筑、城市的特征景点组成一个整体，使道路的选线随地形自然起伏，选择适当的变化角度，以高峰、宝塔、主体建筑、古树名木、城市雕塑等作为对景而弯曲变化，创造生动、活泼、自然、协调、多变的城市面貌，给人以强烈的生活气息和美的享受，使道路从平面布局功能的"骨架"成为城市居民心目中的"骨架"。

2. 满足城市交通运输的要求

（1）道路的功能必须同毗邻道路的用地的性质相协调。道路两旁的土地使用决定了联系这些用地的道路上将会有什么类型、性质和数量的交通，决定了道路的功能；反过来，一旦确定了道路的性质和功能，也就决定了道路两旁的土地应该如何使用。如果某条道路在城市中的位置决定了它是交通性道路，就不应该在道路两侧（及两端）安排可能产生或吸引大量人流的生活性用地，如居住、商业服务中心和大型公共建筑；如果是生活性道路，则不应该在其两侧安排会产生或吸引大货车流、货流的交通性用地，如大中型工业、仓库和运输枢纽等。

（2）城市道路系统完整，交通均衡分布。城市道路系统应该做到系统完整、分级清楚、功能分工明确，适应各种交通的特点和要求，不但要满足城市各区之间方便、迅速、经济、安全的交通联系要求，也要满足发生各种自然灾害时的紧急运输要求。

城市道路系统规划应与城市用地规划结合，做到布局合理，尽可能地减少交通。减少交通并非是减少居民的出行次数和货物的运量，而是减少多余的出行距离及不必要的往返运输和迂回运输。要尽可能把交通组织在城区或城市组团的内部，减少跨越城区或组团的远距离交通，并做到交通在道路系统上的均衡分布。

（3）在城市道路系统规划中应注意采取集中与分散相结合的原则。集中就是把性质和功能要求相同的交通相对集中起来，提高道路的使用效率；分散就是尽可能使交通均匀分布，简化交通矛盾，同时尽可能为使用者提供多种选择机会。所以，在规划中应特别注意避免单一通道的做法，对于每一种交通需要，都应提供两条以上的路线（通道）供使用者选择。城市各部分之间（如市中心、工业区、居住区、车站和码头）应有便捷的交通联系，各城区、组团间要有必要数量的干路相联系，在商业中心、体育场、火车站、航空港、码头等大量客、货流集散点附近，道路网要有一定的机动性，可为发生地震时疏散人流提供绕行道路，同时为道路未来的发展留有一定的余地。

（4）要有适当的道路网密度和道路用地面积率。城市道路网密度受现状、地形、交通分布、建筑及桥梁位置等条件的影响，不同城市，城市中不同区位、不同性质地段的道路网密度应有所不同。道路网密度过小则交通不便，密度过大不但会造成用地和投资的浪费，也会由于交叉口间距过小，影响道路的畅通，造成通行能力的下降。一般城市中心区的道路网密度较大，边缘区较小；商业区的道路网密度较大，工业区较小。

道路用地面积率是道路用地面积占城市总面积的比例，一定程度上反映了城市道路网的密度和宽度的状况。欧美国家大城市道路面积率指标较大，如建筑密度和容积率很高的纽约曼哈顿，交通负荷很大，道路密度很大，道路面积率高达 35%；华盛顿市区道路宽度较大，绿化较多，道路面积率高达 43%。而我国一些城市的旧区，如上海浦西旧区，道路狭窄，几乎没有绿化，道路面积率很低，仅为 12%。在道路密度合理的情况下，城市道路的红线宽度不但要满足交通通行能力的要求，而且要有好的绿化环境，保证有适当的城市道路用地面积率。规范规定，城市道路用地面积率应为 8%~15%，规划人口 200 万以上的大城市宜为 15%~20%，考虑到现代城市交通的机动化发展，城市道路用地面积率还可以适当提高。

（5）城市道路系统要有利于实现交通分流。城市道路系统应满足不同功能交通的不同要求。城市道路系统规划要有利于向机动化和快速交通的方向发展，根据交通发展的要求，逐步形成快速与常速、交通性和生活性、机动与非机动、车与人等不同的系统，如快速机动系统（交通性、疏通性）、常速混行系统（又可分为交通性和生活服务性两类）、公共交通系统（如公交专用道）、自行车系统和步行系统，使每个系统都能高效率地为不同的使用对象服务。

（6）城市道路系统要为交通组织和管理创造良好的条件。城市干路系统应尽可能规整、醒目，并便于组织交叉口的交通。道路交叉口交会的道路通常不宜超过4条，交叉角不宜小于60°或不宜大于120°，否则将使交叉口上的交通组织复杂化，影响道路的通行能力和交通安全。道路路线转折角大时，转折点宜放在路段上，不宜设在交叉口上，这既有益于丰富道路景观，又有利于交通安全。在一般情况下，不要组织多路交叉口，避免布置错口。

（7）城市道路系统应与城市对外交通有方便的联系。城市内部的道路系统与城镇之间的道路（公路）系统既要有方便的联系，又不能相互冲击和干扰。公路兼有为过境和出入城交通服务两种作用，不能和城市内部的道路系统相混淆。要使城市出入口道路与区域公路网有顺畅的联系和良好的配合，并注意城市对外的交通联系有一定的机动性和留有一定的发展余地。

城市道路系统又要与铁路站场、港区码头和机场有方便的联系，以满足对外交通的客、货运输要求。对于铁路两旁都有城市用地的城市，要处理好铁路和城市道路的交叉问题。铁路与城市道路的立交设置至少应保证城市干路无阻通过，必要时还应考虑适当设置人行立交设施。

3. 满足各种工程管线布置的要求

城市公共事业和市政工程管线，如给水管、雨水管、污水管、电力电缆、照明电缆、通信电缆、供热管道、煤气管道及地上架空线杆等一般都沿道路敷设。城市道路应根据城市工程管线的规划为管线的敷设留有足够的空间。道路系统规划还应与城市人防工程规划密切配合。

4. 满足城市环境的要求

城市道路的布局应尽可能使建筑用地取得良好的朝向，道路的走向最好由东向北偏转一定的角度（一般不大于15°）。从交通安全角度，道路最好能避免正东西方向，因为日光耀眼易导致交通事故。城市道路又是城市的通风道，要结合城市绿地规划，把绿地中的新鲜空气通过道路引入城市，因此近路的走向又要有利于通风，一般应平行于夏季主导风向，同时又要考虑抗御冬天寒风和台风等灾害性风的正面袭击。为了减少车辆噪声的影响，应避免过境交通直穿市区。避免交通性道路（大量货运车辆和有轨车辆）穿越生活居住区。旧城道路网的规划，应充分考虑旧城历史、地方特色和原有道路网形成发展的过程，切勿随意改变道路走向和空间环境，对有历史文化价值的街道与名胜古迹要加以保护。

8.5.3 城市道路系统规划步骤

城市道路系统规划流程如图8-15所示，具体有以下几方面内容：

（1）确定道路网结构及交通组织方案。

（2）选定道路标准横断面。

（3）道路中心线坐标定位：尽量减少对永久性建筑物的拆迁，选定交叉口和主要转点（控制点）、弯道半径，计算控制点坐标。

（4）选定交叉口形式及转角半径，分隔导向岛的尺寸、曲线等。

（5）确定控制点高程及坡度等道路竖向要素。

（6）其他辅助设计，如停车场、站、带等。

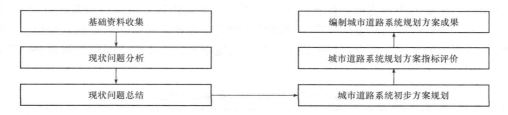

图 8-15 城市道路系统规划流程

8.5.4 城市道路系统规划对策

1. 确定指导思想

（1）根据城市的特点（性质、规模、经济发展、区位、地理、交通条件）确定城市对外交通和城市交通的发展水平与标准。

（2）根据城市用地的规划布局研究，预测城市交通形态，选择道路系统的结构类型。

（3）根据城市的发展需求，选择能解决城市交通问题的战略措施。

2. 综合构架对外交通系统与城市道路交通系统

（1）结合道路的功能分工，对各种交通流向进行定向分析。

（2）注意与城市用地发展布局结构的协调。

（3）注意解决疏通性道路网的布局问题。

（4）注意与对外交通及城市各级中心的衔接关系。

（5）注意城市景观、环境及经济等问题。

3. 交通设施的布局

客、货运枢纽，公共交通站场及城市各类停车场。

4. 服务性道路的布置

服务性道路要避开交通性道路，但要与之有便捷的联系。

8.5.5 城市道路系统规划相关技术要求

1. 交叉口间距

不同规模的城市有不同的交叉口间距要求，不同性质、不同等级的道路也有不同的交叉口间距要求。交叉口的间距主要取决于规划道路的设计车速及隔离程度，同时也要考虑不同使用对象的方便性要求。城市各级道路的交叉口间距可按表 8-6 的推荐值使用。

表 8-6 城市各级道路的交叉口间距

道路类型	快速路	主干路	次干路	支路
设计车速/（km·h^{-1}）	≥80	40~60	40	≥30
交叉口间距/m	1 500~2 500	700~1 200	350~500	150~250

2. 道路红线宽度

城市总体规划阶段的任务主要是确定城市总的用地布局及各项工程设施的安排，不可能具体确定每项细部的用地建设和设施的布置。因此，在总体规划阶段，通常根据交通规划、绿地规划和工程管线规划的要求确定道路红线大致的宽度要求，以满足交通、绿化、通风日照和建筑景观等的要求，并有足够的地下空间敷设地下管线。不同等级道路对道路红线宽度的要求不同（表8-7）。

表 8-7　不同等级道路的道路红线宽度

项目	快速路	主干路	次干路	支路
红线宽度/m	60～100	40～70	30～50	20～30

3. 道路横断面类型

（1）横断面形式的选择与组合。城市道路横断面一般按通行机动车和非机动车道的断面形式分为一块板、两块板、三块板、四块板。城市道路横断面的选择与组合方式主要取决于道路的性质、等级和功能的要求，同时还要综合考虑环境和工程设施等方面的要求。

（2）道路横断面设计。城市道路横断面设计是在城市总体规划中确定的两侧红线范围内进行的，城市道路横断面由车行道、人行道、分隔带、绿化带等组成。道路横断面设计得好坏关系到交通安全、道路功能、通行能力、用地的使用效率、城市景观等方面。

城市道路横断面设计，应首先对该道路在城市总体规划路网系统中的地位、作用及交通功能进行详细分析，避免简单地套用固定模式而使道路横断面千篇一律。道路横断面形式及其尺寸的确定，应在城市交通规划的指导下，综合考虑各方面因素的布局。

8.6　城市公共交通系统规划

8.6.1　城市公共交通系统规划的基本理念

1. 规划目标与原则

根据城市发展规模、用地布局和道路网规划，在客流预测的基础上，确定公共交通的系统结构，配置公共交通的车辆、线路网、换乘枢纽和站场设施等，使公共交通的客运能力满足城市高峰客流的需求。

城市公共交通规划必须符合下列原则：

（1）符合优先发展公共交通的政策，为城市居民出行提供多样、便捷、舒适的公交服务。

（2）公共交通系统模式要与城市用地布局模式相匹配，适应并促进城市和城市用地布局发展。

（3）满足一定时期内城市客运交通发展的需要，并留有余地。

（4）与城市其他客运方式协调配合。

（5）与城市道路系统相协调。

（6）运行快捷，使用方便、高效、节能、经济。

用地条件与布局策略见表8-8。

表 8-8　用地条件与布局策略

用地条件	布局策略
用地紧张、土地协调难度大	设置深港湾站，优先满足公交客流中转换乘场站的用地；结合城区改造，满足部分车辆服务型场站用地
土地价值较高，新规划区有用地条件	保证必要的换乘枢纽和首末站设施用地
现状用地相对宽裕，新开发片区有用地条件	规划预留公交场站用地；配套自身的车辆服务性场站，弥补其他片区的场站用地不足

2. 规划要求

（1）大、中城市应优先发展公共交通，逐步取代远距离出行的自行车，控制私人交通工具的过度发展；小城市应完善市区至郊区的公共交通线路网。

（2）规划城市人口超过 200 万人的特大城市，应规划设置快速轨道交通线路网。

（3）城市公共交通规划应做到在客运高峰时，95% 的居民在乘用公共交通时，单程最大出行时耗符合规定。

（4）选择公共交通方式时，应使其客运能力与线路上的客流量相适应。常用的公共交通方式单向客运能力应符合相关规定。采用公共专用道后，可使通行能力有很大提高。

3. 现代城市公共交通系统结构

现代城市的发展使城市居民的出行量大大增加，对城市公共交通的需求越来越高。当城市发展到大城市以上规模时，城市道路的通行能力逐渐不能适应客运量的发展。应考虑逐步将大运量城市客运交通从城市道路上分离出来，设置地下或架空轨道客运系统，满足客运量发展需求，并能缓解城市道路交通压力，这也是运用交通分流思想进行城市交通系统变革的一种重要方式。

城市的现代化发展要求高效率和好的服务质量，城市公共交通的发展也要求高效率和好的服务质量，快慢分流、主次分流、建设公交换乘枢纽是提高公共交通效率和服务质量的关键。

要实现城市公共交通的高效率，就要有快捷的公共交通方式。保证快捷的条件是要有不受干扰的独立的交通通道。地铁和高架轻轨就是独立设置的快速公交通道。

提高服务质量和交通方便性的重要措施是提高公共交通线网的覆盖率和线网密度。现代化的公共交通要提供优质、方便的服务，就要减少居民到公共交通站点的步行距离，使城市居民能方便地使用公共交通，这样才能提高公共交通的吸引力，发挥公共交通在城市客运系统中的主体作用。

公共交通高效率要求同方便优质的服务要求相结合，要求分别设置城市公共交通的骨干（主要线路）和普通线路（次要线路）。城市客运交通需要有为大运量、中远距离交通需求服务的主要公交线路，以体现"快速"和"大运量"的交通服务性；需要有为小运量、短距离交通需求服务的地方性（组团级）公交线路，以体现"方便"的交通服务性。骨干线路要实现快速服务，就要有快车线路；常规普通线路要实现方便服务，就要有慢车线路。

公共骨干线路和普通线路实现系统衔接的重要设施是公共换乘枢纽。公共换乘枢纽担负着整个公共交通系统的核心，具有重要的作用，就是把"主"与"次"、"快速"与"方便"有机结合起来，实现公共交通系统整体运作的高效率。因此，在公共交通系统的规划建设中，公共换乘枢纽是关键性的设施，必须予以足够的重视，要在城市总体规划阶段作为重要布局用地予以落实。

现代化城市公共交通系统结构（除出租车外）是以公共交通换乘枢纽为中心，以轨道和市级公交车线路为骨干，以组团级公交普通线路为基础的配合良好的完整系统。

公共交通换乘枢纽是城市公共交通系统的核心设施，应结合城市对外客运交通枢纽、城市各级公共中心、市级公交干线的交会点进行布置，解决内外客运交通的衔接和转换，以及市级公交快车线路同组团级公交普通线路的衔接和转换。公共交通换乘枢纽可以根据需要分级、分规模设置。

市级公交快车线路主要体现"快速"与"高效率"，可由地下或高架轨道交通线和地面公交快车线构成，实现公共交通换乘枢纽之间（跨组团）的联系。根据国情，我国城市的轨道交通线路宜使用与道路分离的独立的"专用通道"空间，而要实现地面公共交通的"准快速"，应采用直达或大站快车的方式，使用性能好的公交车，尽可能使用城市快速道路（直达线路）和交通性主干路（大站快车线路）；在用地布局呈带状发展的地区，可以设置"公共交通专用路"（轴），即与其他交通分流的、独立设置的道路专用空间上的、类似轨道交通的 BRT 专用线路。

城市越大越密集，对大运量快速轨道交通线路的需求越大。大城市和特大城市特别要强调轨道交通网和换乘枢纽的建设。在轨道交通网尚未形成前，可以以公交快车线路过渡。对于中等城市，则要努力推广地面公交快车线路的设置，有条件时在城市主干路上合理地设置公交专用道。

组团级公交普通线路则要体现公交服务的方便性。一方面应采用小车型，布置在城市次干路甚至布置在支路上，加大公交线网覆盖率，以方便城市居民乘用；一方面也要与市级公交快车线路和组团级的公交换乘枢纽形成好的衔接。

4. 公共交通线网布置与用地布局、道路的关系

公交普通线路与城市服务性道路的布置思路和方式相同。公交普通线路要体现为乘客服务的方便性，同服务性道路一样要与城市用地密切联系，应布置在城市服务性道路上。

城市快速道路与快速公共交通布置的思路和方式不同。城市快速道路为了保证其快速、畅通的功能要求，应该尽可能与城市用地分离，与城市组团布局形成"藤与瓜"的关系；快速公交线路则要与客流集中的用地或节点衔接，以满足客流的需要。所以，快速公交线路应尽可能地将各城市中心和对外客运枢纽串接起来，与城市组团布局形成"串糖葫芦"的关系。

根据我国的实际国情和实践经验，城市快速轨道公共交通线路应该使用专用通道，与城市道路分离，而不宜互相组合；"准快速"的公交快车线路则应主要布置在主干路上，设置公交专用道以保障其通行条件。

目前在一些城市的规划建设中倡导建设的"复合式公交走廊"的模式是一种混合交通模式，把过多的公交线路集中在一条路上布置，这将大大降低公交线网密度，导致乘客到公交站点距离的加长、乘用公交车不方便，降低公交车的服务性和吸引力，不利于公共交通的发展；过多公交线路与其他机动车辆的混行在客观上也将造成道路上交通过于复杂、车辆运行混乱，加剧城市交通的拥堵。现代化城市交通科学化的主要标志是"交通分流"，混合交通已然造成交通秩序的混乱和交通效率的低下。国外如此，国内也如此。

8.6.2　城市公共交通类型和特征

1. 轨道公共交通

现代城市轨道公共交通可分为地铁、轻轨、城市铁路等。城市中还有一种在城市道路中运行的轨道交通线路——有轨电车。在欧美国家的一些城市中，由于城市道路上的人行交通量和机动车交通量都不大，有轨电车与城市道路上的其他交通矛盾不突出，在城市交通中还具有一定的地位和作用，但在许多现代交通发达的大城市中，有轨电车与现代城市道路交通的矛盾很大，特别是在我国城市人行交通量十分大的情况下，旧时代遗留下来的有轨电车已不适合在道路上运行，在多数地段已被拆除，有的则已改建、组合到新的城市轻轨线路中。

一般所说的"城市轨道公共交通"，是使用专用通道的快速交通，它与城市道路上的各类交通类型不同、运行方式不同、运行条件不同，存在难以调和的矛盾。因此，城市轨道公共交通必须与城市道路分离设置，这样就不会受到道路上其他交通的干扰，可以实现快速运行，可以实现多节车厢组合，实现大运量载客才可以成为大运量、快速的公共交通系统。

2. 城市公共汽车、无轨电车

城市公共交通设施以公共汽车最为简单，有车辆、车场以及沿线路设置的停靠站和首末站。近年来在北京等城市中出现了一种新的道路上的快速公交线路，又称 BRT，即在城市道路中央设置专用的公交车道，设置专用的停靠站台，运行专用的公共汽车车辆和交通信号灯，由于同城市道路的其他车道组合在一个平面上，不可避免会产生相互干扰，影响通行效率和速度，其经济性虽然优于轨道公交线，但明显差于普通公共汽车线路。

无轨电车是以直流电为动力的客运交通工具，它除了采用与公共汽车相同的设备外，还要有架空的触线网、馈电网和整流站等设备。因此，无轨电车的造价较高，首次投资较高，其建设速度较慢，需经常养护维修，经营管理费用高；行驶时又易受到电流供应的影响，灵活性也不如公共汽车。无轨电车的优点是噪声低、无废气排放，起动快、加速性能好、变速方便，特别适合在交通拥挤、起动频繁的市区道路上行驶，对道路起伏变化大、坡度陡的山城也较适宜，但在线路分岔多、转弯半径小且弯道多的道路上使用无轨电车，行驶时常感不便。

3. 公共交通工具比较

地铁等轨道公共交通工具有速度快、载客量大、能耗和对环境的污染小、对道路上的交通干扰少等优点，但建设和运营成本高；出租汽车交通工具有灵活、速度快、门到门服务等优点；以公共汽车为代表的常规路上公共交通在经营良好、服务质量高的情况下具有安全、迅速、准时、方便、可靠、成本低等优点，服务面比上述两种公共交通工具要广。除出租车外的各类公共交通工具技术经济特征见表8-9。

表8-9　公共交通工具技术经济特征

指标	大运量快速轨道交通（地铁）	中运量快速轨道交通（轻轨）	BRT	有轨电车	公共汽车
单向客运能力/（万人次·h⁻¹）	3.0～6.0	1.5～3.0	1.5～1.8	1.0～1.5	0.8～1.2
平均运送速度/（km·h⁻¹）	30～40	20～35	16～30	14～18	16～25
发车频率/（车次·h⁻¹）	20～30	40～60	20	40～60	60～90

指标	大运量快速 轨道交通（地铁）	中运量快速 轨道交通（轻轨）	BRT	有轨电车	公共汽车
运输成本/%	100	>100	—	>200	—
使用年限/年	30	30	—	20~30	15~20

8.6.3 公共交通常用专业术语

（1）客运周转量（年或日）：（年或日）公共交通乘车人次与乘车距离乘积的总量。

（2）客运能力：公共交通工具在单位时间内所能运送的客位数。

（3）运送速度：公共交通线路全程（首末站之间）行程时间除线路长度所得到的平均速度，是衡量公共交通服务质量的指标。

（4）公共汽车拥有量指标：国家规定以车长7~10 m的640型单节公共汽车作为城市公共汽车标准车。规划城市公共汽车拥有量指标为：大城市为800~1 000人/标准车，中、小城市为1 200~1 500人/标准车。

（5）公共交通线网密度：每1 km² 城市用地面积上有公共交通线路经过的道路中心线长度，一般要求市中心区的规划公共交通线路网密度应达到3~4 km/km²，在城市边缘地区应达到2~2.5 km/km²。

（6）公共交通线路重复系数：公共交通线路长度与线路网长度之比。

（7）线路非直线系数：公共交通线路首末站之间实地距离与空间距离之比，不应大于1.4。

（8）公共交通线路平均长度：与城市的大小、形状和公交线路的布线形式有关。通常公共交通线路取中、小城市的直径或大城市的半径作为平均线路长度，或取乘客平均运距的2~3倍作为平均线路长度。城市公共汽车、电车主要线路每条长度宜为8~12 km，特大城市不宜超过20 km，郊区线路的长度视实际情况而定，快速轨道交通的线路长度不宜大于40 min的行程。

（9）乘客平均换乘系数：乘车出行人次与换乘人次之和除以乘车出行人次，即城市居民平均一次出行换乘公共交通线路的次数，其是衡量乘客直达程度的指标。大城市不应大于1.5，中、小城市不应大于1.3。

（10）站距：公共交通的站距应符合表8-10的规定。

表8-10 公共交通的站距

公共交通方式	市区线/m	郊区线/m
公共汽车与电车	500~800	800~1 000
公共汽车大站快车	1 500~2000	1 500~2 500
中运量快速轨道交通（轻轨）	800~1 200	1 000~1 500
中运量快速轨道交通（地铁）	1 000~2000	1 500~2000

8.6.4　公共交通线路网规划

1. 系统确定

公共交通具有集量性、非个体客运方式的运送能力，主要为城市各人流集散点之间（如居住地点、工作地点、城市中心、对外交通枢纽、文体活动和商业服务设施、游憩设施等）的客流服务。公共交通线路系统应该满足便于城市各个人流集散点之间有良好联系的要求。不同类型的城市该有不同的公共交通路线系统形式。

小城镇可以不设公共交通路线，或所设的公共交通路线只起联系城市中心、对外交通枢纽、工业中心、体育游戏设施和乡村的辅助作用。

中等城市应该建设以公共汽车为主体的公共交通路线系统。在带状发展的组合型城市可能需要设置快速公共汽车（或轻轨）路线，以加强各分散城区之间的联系。

大城市和特大城市，应形成以快速大运量的轨道公共交通为骨干的方便的公共交通网。

最理想的系统是：快速轨道交通承担城市组团间、组团与市中心以及联系市级大型人流集散点（如体育场、市级公园、市级商业服务中心等）的中、远距离客运。

公共汽车分为两类：一类是联系相邻城市组团及市级大型人流集散点的市级公共汽车（干线、快线）网，并解决快速轨道交通所不能解决的横向交通联系；另一类是以城市组团中心的轨道交通站点为中心（形成客运换乘枢纽），联系次级（组团级）人流集散点的地方公共汽车（支线、普线）网，主要解决城市组团内的客流和与轨道交通的联系，再以公共交通和轨道交通为集散点，形成与步行和自行车交通的联系。

为了解决城市郊区或市域城镇的公交需要，应该设置（近、远）郊区的公交路线，在城市外围城区设置主市区公交路线和郊区公交路线的换乘枢纽。

为了方便职工上下班和满足居民夜间活动的需要，一般城市还需要设置第三套公共交通线路网，即在平时线路网下增加高峰小时的路线（高峰线、区间线和大站快车线），设置通宵公共交通线路网。

旅游城市还应设置旅游公交路线，将各旅游景点、旅游设施同城市活动中心连接起来。

一般城市公共交通线网的类型有棋盘型、中心放射型（又分单中心放射型和多中心放射型）、环线型、混合型、主辅线型五种。轨道公共交通路线网通常为混合型或环线型加中心放射型。

2. 路线规划

（1）规划依据。

①城市土地使用规划确定的用地和主要人流集散点布局。

②城市交通运输系统规划方案（与城市结构一起考虑的交通系统结构构思）。

③城市交通调查和交通规划的出行形态、分布、分配资料。

（2）线路网布置原则。

①满足城市居民上下班出行的乘车需要，同时要满足生活出行、旅游等乘车需要。

②经济合理地安排公共交通路线，做到主次分线、快慢分线，提高公共交通覆盖率、服务面积，使客流量尽可能均匀并与运载能力相适应。

③尽可能在城市主要人流集散点（如对外客运交通枢纽、大型商业文体中心、大型居住区中心等）之间开辟直接路线，路线走向必须与主要客流流向一致。

④综合考虑城区线、近郊线和远郊线的紧密衔接，在主要客流的集散点设置不同交通方式的换乘枢纽，方便乘客下车与换乘，尽可能减少居民乘车次数。

（3）线路网规划的基本步骤。

①根据城市性质、规模及总体规划的用地布局结构，确定公共交通线路网的系统类型。

②分析城市主要活动中心的空间分布及相互之间的关系，如居住区与小区中心、工业和办公等就业中心、商务服务中心、文娱体育中心、对外客运交通中心、公园等游憩中心以及公共交通系统中可能的客运枢纽等，这些都是城市居民出行的主要出发点和吸引点。

③在城市居民出行调查和交通规划的客运交通分配的基础上，分析城市主要客流吸引中心的客流吸引希望线及吸引量。

④综合各城市活动中心客流相互流动的空间分布要求，确定在主要客流流向上满足客流量要求，并把各居民出行主要出发点和吸引点联系起来的公共交通线路网和换乘枢纽规划方案。

⑤根据城市总客流量的要求及公共交通运营的要求进行线路网的优化设计，满足各项规划指标，确定规划的公共交通线路网。

⑥随着城市的发展和逐步建成，逐条开辟公共交通线路，并不断根据客流变化的需求进行调整。

8.6.5 公共换乘枢纽和场站规划

1. 公共交通换乘枢纽

（1）市级换乘枢纽。与城市对外客运交通枢纽（铁路客运站、长途客运站等）结合布置的公交换乘枢纽设置在市级城市中心附近，具有与多条市级交通干线换乘的功能。

（2）组团级换乘枢纽。指设置在各组团中心或主要客流集中地的市级公交干线与组团级普通路线衔接换乘的公共交通换乘枢纽。

（3）特定设施公交枢纽。包括城市中心交通限控区换乘设施、市区公共交通路线与郊区公共交通路线衔接换乘的枢纽和为大型公共设施（如体育中心、游览中心、购物中心等）服务的换乘枢纽等。

2. 公共交通换乘枢纽功能布局

公共交通换乘枢纽功能布局规划还可以在一些换乘量大、重复路线多的站点，设置换乘方便的公共交通组合换乘站，作为公共交通换乘枢纽的补充。

3. 公共交通场站规划

公共交通场站有三类：一类是担负公共交通线路分区、分类运营管理和车辆维修的"公交车场"；一类是担负公共交通线路运营调度和换乘的各类"公交枢纽站"；一类是"公交停靠站"。

（1）公交车场。公交车场常设置为综合性管理、车辆保养和停放的"中心车场"，也可以为车辆大修设"大修厂"，专为车辆保养设"保养场"或专为车辆停放设"中心站"。

（2）公交枢纽站。公交枢纽站可分为换乘枢纽、首末站和到发站三类。公交换乘枢纽位于多条公共交通路线会合点，通过各条公交路线的换乘把全市公交路线有机联系为一个完整的系统。换乘枢纽一般安排在一条以上公共交通路线的到发站，形式可以多种多样。通常安排一定的运营管理调度设施及必要的后勤服务设施，要求布局集中紧凑，可以与建筑组合、多层衔接、立体换乘，设置机械化代步装置等。首末站是公共交通运营线路的起终点，除保证公交车辆的回车、停车、换乘候车和调度业务外，还应考虑多种交通方式的换乘。一般每条路线安排 4~5 个停车位，一条路线使用的末站占地约 1 000 m，三条线路共同使用的首末站占地约 3 000 m。首末站还要考虑附设自行车停放位。到发站用于一条公共交通路线运营和到发，占地规模一般不超过 1 000 m。

（3）公交停靠站。公共交通站点服务面积，以半径 300 m 计算，不得小于城市用地面积的 50%，以半径 500 m 计算，不得小于 90%。一般每个公交站台可以停靠 3 条公交线路，长度均为 20 m；超过 3 条线路就需设置第 2 个站台，超过 3 个站台就需要考虑设置公交组合换乘站。快速路、主干路及郊区双车道公路上的公交停靠站不应占用行车车道，应采用港湾式布置，市区公交港湾式停靠站长度至少应设 2 个停车位，路段上公交停靠站同向换乘距离不应大于 50 m、异向换乘距离不应大于 100 m，对向设置的停靠站应在车辆前方向迎面错开 30 m。在道路平面交叉和立体交叉处设置的公交停靠站，换乘距离不宜小于 150 m，并不得大于 200 m。一般交叉口处的公交停靠站应该布置在交叉口出口 50 m 以外的位置，不宜布置在交叉口进口前的位置，特别是左转公交线路的停靠站不能布置在交叉口进口前。

另外，出租汽车采用营业站定点服务时，营业站的服务半径不宜大于 1 km。其用途面积为 250~500 m²。出租汽车采用路抛制服务时，应在商业繁华地区、对外交通枢纽和人流活动频繁的集散地附近设置出租汽车停车道（站）。

第9章

公共服务设施规划

9.1 公共服务设施分类

9.1.1 按使用性质分类

依照《城市用地分类与规划建设用地标准》（GB 50137—2011）的规定，城市公共设施分为两大类：公共管理与公共服务用地（A）和商业服务设施用地（B）。

1. 公共管理与公共服务用地（A）

公共管理与公共服务用地包含 9 中类 13 小类。包括行政、文化、教育、体育、卫生等机构和设施的用地，不包括居住用地中的服务设施用地。

（1）行政办公类，如行政管理、党派、团体、企事业管理等办公用地。

（2）文化设施类，如广播台、博物馆、展览馆、纪念馆、科技馆、图书馆、影剧场、杂技场、文化宫、老年活动中心等公共文化设施用地。

（3）教育科研类，如高等院校、中等专科学校、中小学、成人与业余学校、特殊学校（聋、哑、盲人学校和工读学校）以及科学研究、勘测设计机构等用地。

（4）体育类，如各类体育场馆、游泳池、体育训练基地及其附属的业余体校等用地。

（5）医疗卫生类，如各类医院、卫生防疫站、专科防治所、检验中心、急救中心、休养所、疗养院等。

（6）社会福利类用地，如福利院、养老院、孤儿院等用地。

（7）文物古迹类，如具有历史、艺术、科学价值且没有其他使用功能的建筑物、构筑物、遗址、墓葬等用地。

（8）外事用地，如外国驻华使馆、领事馆、国际机构及其生活设施等用地。

（9）宗教设施类，即宗教活动场所用地。

2. 商业服务设施用地（B）

商业服务设施用地包含 5 中类 11 小类。各类商业、商务、康体等设施用地，不包括居住用地中的服务设施用地，以及公共管理与公共服务用地内的事业单位用地。

（1）商业设施类用地。商业设施如各类商店商场、各类市场超市、专业零售批发商店等；服务业设施，如餐馆、饭店、宾馆、招待所、度假村等。

（2）商务用地，包括金融保险业，如银行、信用社、证券交易所、保险公司、信托投资公司；艺术传媒产业用地，如音乐、美术、影视、广告等的制作及管理设施用地；其他商务设施用地，如邮政、电信、工程资讯、技术服务、会计和法律服务等的办公用地。

（3）娱乐康体类用地，如单独设置的剧院、音乐厅、高尔夫球场、溜冰场等。

（4）公用设施营业用地，如加油（气）站、电信、邮政、供水、供电等其他公用设施营业网点。

（5）其他服务设施用地，如业余学校、民营培训机构、私人诊所、宠物医院等其他服务设施用地。

9.1.2　按公共设施的服务范围分类

按照城市用地结构的等级序列，公共设施相应地分级配置，一般分成三级。

（1）市级，如市政府、博物馆、大剧院、电视台等。

（2）居住区级，如街道办事处、派出所、街道医院等。

（3）小区级，如小学、菜市场等。

在一些大城市中，公共设施的分级配置，还可能增加行政区级或城市总体规划的分区级等级别，从而配设相应设施。前者如区少年宫等，后者如电影院等。

需要说明的是，并非所有各类公共设施都必须分级设置，要根据公共设施的性质和居民使用情况来定。如银行可以有市级机构直到小区或街道的储蓄所，构成银行自身的系统；博物馆等设施一般只在市一级设置。

9.1.3　按公共属性分类

在市场经济不断发展的条件下，某些公共设施的设置将受到市场强烈的调节作用。为实现城市发展目标，对另一些设施须带有强制设置的要求。因此，城市公共设施还可以分为公益性公共设施与经营性公共设施。

1. 公益性公共设施

公益性公共设施主要是行政办公、文化娱乐中的宣教机构和图书展览类，以及体育、医疗卫生、教育、社会福利等设施。在城市总体规划中，应对公益性公共设施提出强制性指标，必须达到最低指标。

2. 经营性公共设施

经营性公共设施主要是商业、金融设施，游乐中的电影院、剧院及各种演出场所和演出团体等设施。在城市总体规划中，应对市场经营性公共设施提出指导性的指标，由市场自行调节。

9.1.4　其他分类

按照公共设施所属机构的性质及服务范围，公共设施可以分为非地方性公共设施与地方性公共设施。前者如全国性或区域性行政或经济管理机构、大专院校等，后者基本为当地居民使用的设施。

9.2 公共设施服务布局原则

公共设施服务布局原则如下：

（1）要遵循统一规划、合理布局、节约用地、因地制宜、综合开发、配套建设的原则。

（2）要综合考虑城市性质、规模、行政级别以及社会经济气候、民族习俗和传统风貌等地方特点及规划用地周围的环境条件；要将城市现状的绿地植被、公园、河湖水域、地形地貌、道路、建筑物、构筑物等与城市公共设施融为一体，统一规划布局。

（3）要适应市民的活动规律。综合考虑日照、采光、通风、防灾、环境、卫生及管理要求，创造安全、卫生、方便、舒适的公共设施环境。

（4）要为老年人、残疾人、儿童等提供便利的条件。

（5）要为城市环境与空间景观多样化创造条件；要考虑独立性建筑和群体性建筑的整体性要求，提出统一规划、分期实施的具体规划要求。

9.2.1 总的布局要求

总的布局要求如下：

（1）按照城市性质与规模，组合功能与空间环境、建设内容、建设标准与城市发展目标相适应。

（2）位置适中、布局合理。考虑设施各自的特点和合理的服务半径，配套完善，规模合理。

（3）与道路交通结合考虑，中心区交通重点考虑。城市中心区人、车汇集交通集散量大，须有良好的交通组织，以增强中心区的效能。

（4）利用原有基础，慎重对待城市传统商业中心。

（5）创建优美的公共中心景观环境。

（6）考虑分类的系统分布和分级集聚两方面的要求。按照各项公共设施与城市其他用地的配置关系，使之各得其所。非地方性的公共服务设施分布往往有其自身的服务区位要求。地方性的公共服务设施一般是按照用地性质，根据城市用地结构进行分级和分类配置，按照与居民生活的密切程度确定合理的服务半径。

9.2.2 公共服务设施用地的布局

公共服务设施用地的布局见表 9-1。

表 9-1　公共服务设施用地的布局

原则	要求
公共设施的项目要成套配置	一是整个城市各类的公共设施，应该配套齐全；二是在局部地段，如公共活动中心，要根据它们的性质和服务对象，配置相互有联系的设施

续表

原则	要求
按照与居民生活的密切程度确定合理的服务半径	服务半径的确定首先是从居民方便使用的要求出发，同时要考虑到公共设施经营的经济性与合理性 根据服务半径确定服务范围大小及服务人数的多少，以此推算公共设施的规模
结合城市交通组织来考虑	公共设施是人、车流集散的地点，尤其是一些吸引大量人、车流的大型公共设施，其分布要根据使用性质及交通状况，结合城市道路系统一并安排 除学校和医院以外，城市的公共设施用地宜集中布置在位置适中、内外联系方便的地段 商业金融机构和集贸设施宜设在城市入口附近或交通方便的地段
根据公共设施本身的特点及对环境的要求进行布置	公共设施本身作为一个环境形成因素，它们的分布对周围环境也有要求。如集贸设施用地应综合交通、环境与节约用地等因素进行布置 集贸设施用地的选址应有利于人流和商品的集散，并不得占用公路、主要干路、车站、码头、桥头等交通量大的地段。易燃易爆商品的市场应设在城市的边缘，并应符合卫生、安全防护的要求

9.3　公共服务设施用地规模

9.3.1　公共服务设施用地规模的影响因素

影响城市公共服务设施用地规模的因素较为复杂，而且城市之间存在较大的差异，无法一概而论。在城市总体规划阶段，公共服务设施用地规模通常不包括与居民日常生活关系密切的设施的用地规模，而将其计入居住用地的规模。影响城市公共服务设施规模的因素主要有以下五个。

1. 城市性质

城市性质对公共服务设施用地规模具有较大的影响，甚至有时这种影响是决定性的。如在一些国家或地区经济中心城市中，大量的金融、保险、贸易、咨询、设计、总部管理等经济活动需要大量的商务办公空间，并形成中央商务区（CBD）。在这些城市中，商务办公的用地规模就会大幅度增加。而在不具备这种活动的城市中，商务办公用地的规模就会小很多。再如交通枢纽城市、旅游城市中需要为大量外来人口提供商业服务以及开展文化娱乐活动的设施，相应的用地规模也会远远高于其他性质的城市。

2. 城市规模

按照一般规律，城市规模越大，其公共服务设施的门类越齐全，专业化水平越高，规模也就越大。这是因为在满足一般性消费与公共活动方面，大城市与中小城市并没有太大的区别，但是专业化商业服务设施以及部分办公设施的设置要以一个最低限度的人群作为支撑，如每个城市都有电影院，但音乐厅则只能存在于大城市甚至是特大城市中。

3. 城市经济发展水平

就城市整体而言，经济较发达的城市中第三产业占有较高的比例，对公共设施用地有大量的需求，同时城市政府提供各种文化体育活动设施的能力较强。在经济相对欠发达的城市中，公共设施更多地限于商业服务领域，对公共设施用地的需求相对较少。对于个人或家庭消费而言，可支配的收入越多，意味着购买力越强，也就要求更多的商业服务、文化娱乐设施。

4. 居民生活习惯

居民的生活和消费习惯与经济发展水平虽然有一定的联系，但不完全成正比。例如，在我国南方地区，由于气候等原因，居民更倾向于在外就餐，因而带动了餐饮业以及零售业的蓬勃发展，产生相应的用地需求。

5. 城市布局

在布局较为紧凑的城市中，商业服务中心的数量相对较少，但其用地规模较大且其中的门类较齐全，等级较高。在因地形等原因呈较为分散布局的城市中，为了照顾到城市中各个片区的需求，商业服务中心的数量增加，整体用地规模也相应增加。

9.3.2 公共服务设施用地规模的确定

1. 根据人口规模推算

通过对不同类型城市现状公共设施用地规模与城市人口规模的统计比较，可以得出该类用地与人口规模之间关系的函数或者人均用地规模指标。规划中可以参照指标推算公共设施用地规模。

2. 根据各专业系统和有关部门的规定确定

有一些公共设施，如银行、邮局、医疗、商业、公安部门等，由于它们业务与管理的需要自成系统，并各自规定了一套具体的建筑与用地指标，这些指标是从其经营管理的经济与合理性来考虑的。这类公共设施的规模，可以参考专业部门的规定，结合具体情况确定。

3. 根据地方的特殊需要，通过调研，按需确定

在一些自然条件特殊、少数民族地区，或是特有的民风民俗地区的城市中，某些公共设施需通过调查研究予以专门设置，并拟定适当指标。

对于一些非地方的公共设施，如科研、高校管理等机构，或是根据地方特殊需要设置的设施，如纪念性展览馆、博览会场、区域性竞技场等，都应以项目确定其用地规模。

9.4 公共服务设施用地选址

9.4.1 行政办公用地

1. 行政办公用地指标

行政办公用地指标见表9-2和表9-3。

表 9-2　各类城市行政办公用地占中心城区建设用地比例（%）

城市规模	小城市	中等城市	大城市	特大城市	超特大城市
占中心城区建设用地比例	0.8～1.2	0.8～1.3	0.9～1.3	1.0～1.4	1.0～1.5

表 9-3　各类城市行政办公人均建设用地指标（m²/人）

城市规模	小城市	中等城市	大城市	特大城市	超特大城市
人均建设用地指标	0.8～1.3	0.8～1.3	0.8～1.2	0.8～1.1	0.8～1.1

2. 行政办公用地在城市中的布置

在城市总体规划中，各级行政办公用地规划宜逐渐形成行政办公中心，由分散逐渐过渡到集中，共享公共设施、提高工作效率。

值得注意的是，政府办公楼前设置的绿化广场，主要是供市民进行文化休闲的场所，该用地不作为行政办公用地。

3. 行政办公用地规划选址原则

（1）通常多选择在城市中交通便利、人流集中、各种配套服务设施齐全、环境较好的地区。

（2）在一些大城市的规划中可集中布置中央商务区（CBD），往往位于城市的几何中心或交通枢纽附近。

（3）用地周围常不同程度地布置商业服务及娱乐用地。

9.4.2　商业设施用地

1. 商业设施用地指标

商业设施用地指标见表9-4 和表9-5。

表 9-4　各类城市商业设施用地占中心城区建设用地比例（%）

城市规模	小城市	中等城市	大城市	特大城市	超特大城市
占中心城区建设用地比例	3.0～4.0	3.2～4.2	3.4～4.5	3.6～5.0	4.0～5.5

表 9-5　各类城市商业设施人均建设用地指标（m²/人）

城市规模	小城市	中等城市	大城市	特大城市	超特大城市
人均建设用地指标	3.2～4.2	3.2～4.1	3.1～3.9	3.0～3.7	3.0～3.8

2. 城市商业中心布局原则

（1）城市规模大，宜分散设置几个市级中心：市级商业中心的服务半径不宜超过10 km；区级商业中心的服务半径不宜超过 5 km；地区级商业中心的服务半径不宜超过 3 km。

（2）城市商业街、专业性商业步行街，根据城市的性质、商业文化传统和实际需要设置。

（3）大型专业批发市场，大型宾馆、酒店、大型超级市场、大型服务业及大型物流配送中心等商业设施的建设用地规模，因其城市规模和性质不同，不做统一规定。

3. 城市商业设施规划选址原则

（1）城市商业中心宜在现状已形成的商业中心上延伸规划；若规划新的商业中心应选

择在城市适中位置，交通方便，各项市政基础设施配套齐全，并且要留有发展余地。

（2）城市市级商业中心、区级商业中心、地区级商业中心的规划布局要均衡，满足服务半径，方便市民。

（3）批发市场、物流配送中心宜选择在城市对外、对内交流条件好的边缘地段。

（4）商业设施不应沿城市干道布置，宜结合步行街或商业街布置。步行街的路面红线宽度不宜大于 20 m。

9.4.3 金融设施用地

1. 金融设施用地指标

金融设施用地指标见表 9-6 和表 9-7。

表 9-6　各类城市金融设施用地占中心城区建设用地比例（%）

城市规模	小城市	中等城市	大城市	特大城市	超特大城市
占中心城区建设用地比例	0.1~0.2	0.1~0.2	0.1~0.3	0.2~0.3	0.2~0.4

表 9-7　各类城市金融设施人均建设指标用地指标（m²/人）

城市规模	小城市	中等城市	大城市	特大城市	超特大城市
人均建设用地指标	0.1~0.2	0.1~0.2	0.1~0.3	0.2~0.3	0.2~0.3

2. 金融设施规划选址原则

（1）要充分利用原有城市金融用地，宜在此基础上规划扩大规模及用地控制范围，形成城市金融中心。

（2）银行业选址应规划在交通方便，便民、安全的地段。

9.4.4 文化娱乐设施用地

1. 文化娱乐设施用地指标

文化娱乐设施用地指标见表 9-8 至表 9-10。

表 9-8　文化娱乐各大类设施用地占总设施用地的比例（%）

城市规模	广播电视、新闻出版、文化艺术团体	图书馆、博物馆、展览馆	游乐设施
占文化娱乐设施用地比例	10~15	20~35	50~70

表 9-9　各类城市文化娱乐设施用地占中心城区建设用地比例（%）

城市规模	小城市	中等城市	大城市	特大城市	超特大城市
占城市中心城区建设用地比例	0.8~1.0	0.8~1.1	0.9~1.2	1.2~1.3	1.1~1.5

表 9-10　各类城市文化娱乐设施人均建设用地指标（m²/人）

城市规模	小城市	中等城市	大城市	特大城市	超特大城市
人均建设用地指标	0.8~1.1	0.8~1.1	0.8~1.0	0.8~1.0	0.8~1.0

2. 文化娱乐设施规划选址原则

（1）应按市、区两级设施规划布局。可结合原有文化娱乐设施进行扩建、改建，规划用地范围留有发展余地。新规划的市、区级文化娱乐设施在中心地区为宜，并具有发展预留地。

（2）文化娱乐设施要尽量毗邻城市内的江、河、湖等水面和园林绿化地段，为市民创造优美的文化活动环境。

（3）文化娱乐设施用地要交通方便，并设有广场，便于疏散。

（4）图书馆类的用地要选择环境安静、周围没有噪声污染的地段。

9.4.5　体育设施用地

1. 体育设施用地指标

体育设施用地指标见表 9-11 和表 9-12。

表 9-11　各类城市体育设施用地占中心城区建设用地比例（%）

城市规模	小城市	中等城市	大城市	特大城市	超特大城市
占中心城区建设用地比例	0.6~0.9	0.7~0.9	0.7~1.1	0.8~1.3	0.8~1.3

表 9-12　各类城市体育设施人均建设用地指标（m²/人）

城市规模	小城市	中等城市	大城市	特大城市	超特大城市
人均建设用地指标	0.6~0.9	0.7~0.9	0.6~0.9	0.6~0.8	0.6~0.8

2. 体育设施规划选址原则

（1）城市体育中心应规划在城市交通方便的地区。因其建设周期长，应符合统一规划、分期建设的要求。

（2）城市体育中心应规划在四周环境植被条件比较好的地段，尽量有河湖水面。

（3）体育场、体育馆的规划应方便市民参与活动。

（4）体育项目建设地段的市政设施条件要满足体育项目活动需要。

（5）竞技培训中心规划应按其专用项目设施的技术和选址特殊要求，宜在城市边缘，市政、交通设施条件适宜的地段。

3. 体育设施设置标准

根据举办国内、外体育赛事的类型、规模，城市要设置相应的体育设施。

（1）直辖市应具备全国综合性运动会或国际性单项比赛的标准设施。

（2）省会城市、副省级市应具备省运会或国内、国际性单项比赛的标准设施。

（3）地级市应具备地区运动会或省运会单项比赛的标准设施。

（4）县级市应具备县运动会或地区单项比赛的标准设施。

体育中心附属建筑项目有办公楼、运动员宿舍、宾馆、餐饮、俱乐部、商场等，其用地比例，视其规模，参照有关标准确定。

9.4.6　医疗卫生设施用地

医疗卫生设施，主要是指市、区二级以上医院（综合医院、专科医院）及疾病预防控制中心、疗养院、急救中心、中心血站、妇幼保健院等。

1. 医疗卫生设施用地指标

医疗卫生设施用地指标见表9-13和表9-14。

表9-13　各类城市医疗卫生设施用地占中心城区建设用地比例（%）

城市规模	小城市	中等城市	大城市	特大城市	超特大城市
占中心城区建设用地比例	0.7~0.8	0.7~0.9	0.7~1.1	0.8~1.1	0.8~1.2

表9-14　各类城市医疗卫生设施人均建设用地指标（m^2/人）

城市规模	小城市	中等城市	大城市	特大城市	超特大城市
人均建设用地指标	0.6~0.7	0.6~0.8	0.6~0.8	0.6~0.9	0.6~1.0

2. 医疗卫生设施规划选址原则

（1）医疗卫生设施规划选址，要考虑服务半径。对原有医疗卫生设施地址经论证合理的，可在原有医疗卫生用地基础上进行扩建，并提出新的规划用地范围。

（2）医疗卫生设施规划选址要考虑环境安静、交通方便的地段。疗养性设施选址要尽量靠近山林、河、湖水面及周边环境良好的地段。

（3）医疗卫生设施主要承担检疫、防疫、专业性强的管理职能，可规划在综合性医疗中心地段。

（4）传染病医院要设置隔离地带，规划在独立的隔离区内，不宜规划在市中心区内。

9.4.7　教育设施用地

1. 教育设施用地指标

教育设施用地指标见表9-15和表9-16。

表9-15　各类城市教育设施用地占中心城区建设用地比例（%）

城市规模	小城市	中等城市	大城市	特大城市	超特大城市
占中心城区建设用地比例	2.4~3.0	2.9~3.6	3.4~4.2	4.0~5.0	4.8~6.0

表9-16　各类城市教育设施人均建设用地指标（m^2/人）

城市规模	小城市	中等城市	大城市	特大城市	超特大城市
人均建设用地指标	2.5~3.2	2.9~3.8	3.0~4.0	3.2~4.5	3.6~4.5

2. 教育设施规划选址原则

（1）城市教育规划应在原有校址的基础上发展，凡规划新校址应以在城市边缘地区为宜，要有便捷的交通和完善的市政、服务设施。

（2）为特定产业培养人才的部分高等专科学校和中等专科职业学校，可结合专业特点选址，方便教学与实习相结合。

（3）中等城市、小城市一般仅设高等专科学校、中等专业职业学校，用地规模较小，可结合行政、文化、体育等设施布置，形成综合性的公共设施中心。

9.4.8　社会福利设施用地

1. 社会福利设施用地指标

社会福利设施用地指标见表 9-17 和表 9-18。

表 9-17　各类城市社会福利设施用地占中心城区建设用地比例（%）

城市规模	小城市	中等城市	大城市	特大城市	超特大城市
占中心城区建设用地比例	0.2 ~ 0.3	0.3 ~ 0.4	0.3 ~ 0.5	0.3 ~ 0.5	0.4 ~ 0.6

表 9-18　各类城市社会福利设施人均建设用地指标（m^2/人）

城市规模	小城市	中等城市	大城市	特大城市	超特大城市
人均建设用地指标	0.2 ~ 0.4	0.3 ~ 0.4	0.3 ~ 0.4	0.2 ~ 0.4	0.3 ~ 0.5

2. 社会福利设施用地规划选址原则

（1）市区级养老院、护理院等老龄设施规划选址宜在城区边缘或城郊接合部，环境绿化条件较好、市政设施较完善、交通便利的地区。

（2）老年大学、老年活动中心等老龄公共设施，宜靠近人口集中的居住区，要环境安静、安全、交通便利。

（3）市级残疾人康复中心、残疾人活动中心的规划选址主要考虑交通便利，避开车流、人流等不安全因素的干扰。

（4）市级儿童福利院是为社会上被遗弃儿童和孤儿设置的生活福利设施，选址宜靠近居住区。

9.5　案例实践

案例：四川省广安市城市总体规划（2013—2030 年）

1. 公共管理与公共服务设施用地规划

规划公共管理与公共服务用地 695.76 公顷（1 公顷 = 10 000 m^2），占城市建设用地的 8.19%，人均公共管理与公共服务用地为 8.19 m^2。规划形成城市级—片区级—社区级三级城市公共中心体系。

（1）城市级公共中心。广安中心城区将形成一个城市主中心和两个城市副中心。其中城市主中心位于广安主城区中部，是中心城区的行政、科教、商务、文化中心；城市副中心为分别位于奎阁的商务商贸中心和前锋辅城的行政商务中心。

（2）片区级公共中心。各个功能组团按每 5 ~ 10 万人配置一个片区级公共中心。中心城区共设置片区级公共中心 8 处，分别位于协兴组团、枣山组团、广安老城区 2 处（城北组团、中桥组团）、官盛组团、奎阁组团北部、前锋辅城 2 处（代市组团和新桥工业园中部）。

（3）社区级公共中心。各个生活社区按每 3 ~ 5 万人配置一个社区级公共中心，服务半径为 1 000 m。临港物流园区、新桥产业园区等园区布置服务半径为 1 000 m 的园区级公共中心。

2. 行政办公用地

规划中心城区行政办公用地面积共 118.96 公顷，占城市建设用地的 1.40%，人均行政办公用地为 1.40 m²。广安城区行政办公中心在保留城南现状的基础上，通过置换部分用地性质、整合建筑组群、构建辅助开放空间，形成城市级行政管理中心。

前锋辅城级行政办公中心位于前锋区北部打纸崖旅游景区南部的区域，是前锋区的行政办公中心和商务服务中心。结合各片区居住区配备街道办事处、派出所、居委会等管理机构。

3. 文化设施用地规划

规划中心城区文化设施用地面积共 68.83 公顷，占城市建设用地的 0.81%，人均文化设施用地为 0.81 m²。规划在老城片区北部、西溪河东侧建设市级文化中心，由博物馆、展览馆、科技馆等设施组成。规划保留老城片区邓小平图书馆、文化馆、演艺中心等文化娱乐设施并加以完善，在协兴、枣山、中桥、官盛、奎阁、前锋等功能组团分别集中设置图书馆、文化馆、青少年活动中心等文化设施。规划在各居住社区中心设置居民活动场地，建立相应的儿童活动中心、老年人活动中心及综合文化站、图书阅览室等。

规划在前锋辅城新桥工业园片区公共中心设立以工业产品会展中心为核心的综合文化设施，并建立一座服务于整个辅城的图书馆。规划在辅城其他两个片区内设置集中综合文化中心。

4. 教育科研设施用地规划

规划中心城区教育科研设施用地面积共 330.54 公顷，占城市建设用地的 3.89%，人均教育设施用地为 3.89 m²。规划在广安主城区的中桥组团渠江沿岸建设科研教育园，设置科研成果转化基地、职业教育和干部培训基地，包括广安高等职业技术学校以及专业技术学校、寄宿制高中等教育设施，并适时引入大专院校，形成城市级科教中心；在协兴组团建设爱国主义教育基地和广安艺术大学等高等院校；在枣山组团枣山植物园两侧设置寄宿制高级中学，促进广安教育发展；对散布在城区各处的教育科研单位，在用地足够的原则上予以保留和完善，将用地受限制的单位集中搬迁到协兴、中桥科教园区。规划在广安主城区和前锋辅城各设置一所特殊教育学校。规划保留广安城区的老城区原有高中和初中学校，并进行适当扩建；在中桥、枣山、奎阁、代市、前锋各设置一所高中；在中桥、协兴、前锋各设置一所初中。中小学、幼儿园、托儿所教育设施，结合各居住小区、组团，根据就近原则，按居住区规划配套建设，形成完整的教育设施网络。

规划初级中学按 3～5 万人一所的标准配置，小学按 1～3 万人一所的标准配置，初级中学和小学结合居住区布置。初中服务半径不大于 1 000 m，小学服务半径不大于 500 m，幼儿园托儿所服务半径不大于 300 m。新建中学用地规模一般控制在 3～10 公顷，新建小学一般控制在 2～5 公顷，新建幼儿园一般控制在 0.5～1 公顷。

5. 体育设施用地

规划中心城区体育设施用地面积共 67.98 公顷，占城市建设用地的 0.80%，人均体育用地为 0.80 m²。规划保留广安市体育馆现状，完善配套设施；中心城区规划新建两处市级体育中心，分别为官盛体育中心和新桥体育中心，其中官盛体育中心位于官盛组团东部，占地规模为 17.88 公顷；新桥体育中心位于新桥工业园中部，占地规模为 10.43 公顷。市级体育中心分别设置体育场馆、体育游泳馆及青少年体育活动中心等，达到承办全市综合性赛事和省以上高水平单项赛事的标准。同时结合大型公共绿地设置综合性体育公园，增添登山健身步道和健身路径等。

结合公共中心集中布置体育设施，设置体育场、游泳池和体育馆等，形成片区级体育中心，中心城区规划片区级体育中心共 5 处，分别为现状广安市体育馆，占地规模为 6.78 公顷，位于翠屏山西部环城北路西侧；规划中桥体育中心，占地地规模为 8.98 公顷，位于中桥片区北部、职教园区南侧；规划协兴体育中心，占地规模为 3.23 公顷，位于广花路西侧、文化创意产业园南部；规划奎阁体育中心，占地规模为 5.46 公顷，位于奎阁组团东部；规划前锋体育中心，占地规模为 7.54 公顷，位于前锋区北部。

6. 医疗卫生设施用地

规划中心城区医疗卫生设施用地面积共 81.57 公顷，占城市建设用地的 0.96%，人均医疗卫生用地为 0.96 m²。规划完善广安主城区现状医疗卫生设施。规划老城、中桥片区新建广安市人民医院内科大楼、广安市中医院、广安市托老医院、广安市医疗救治指挥中心、广安市卫生信息中心。

7. 商业服务业设施用地规划

规划中心城区商业设施用地面积共 1 006.91 公顷，占城市建设用地的 11.85%，人均商业服务业设施用地为 11.85 m²。规划形成“城市级—片区级—社区级”三级商业设施服务体系。其中规划城市级商业设施服务体系共 2 处，分别为广城城区中部行政中心北侧商业中心和奎阁组团商业中心；规划片区级商业设施服务体系共 5 处，分别位于协兴组团中部、枣山组团火车站前区、中桥组团中部、官盛组团中部和前锋辅城中部。规划在各居住社区内结合公共绿地每 3~5 万人设置综合商业设施，配置居住日常生活消费必需的商业和生活服务设施，形成社区商业中心，服务当地社区居民，占地面积为 2~3 公顷。

第 10 章

市政工程设施规划

城市能高速、正常地进行生产、生活等各项经济活动，有赖于城市基础设施的保证。城市基础设施是为物质生产和人民生活提供一般条件的公共设施，是城市赖以生存和发展的基础。城市基础设施是保证城市生存、持续发展的支撑体系。城市给水排水工程系统承担供给城市各类用水、排涝除渍、治污环保的职能；城市能源工程系统担负着供给城市高能、高效、卫生、可靠的电气、燃气、集中供热等清洁能源的职能；城市通信工程担负着城市各种信息交流、物品传递等职能；城市环境卫生系统工程担负着处理废物、清洁城市环境的职能；城市防灾工程系统担负着防、抗自然灾害和人为灾害，减少灾害损失，保证城市安全等职能。

10.1　城市给水工程设施规划

10.1.1　城市给水工程系统的构成与功能

城市给水工程系统由城市取水工程、净水工程、输配水工程组成。

1. 城市取水工程

城市取水工程包括城市水源（含地表水、地下水）、取水口、取水构筑物、提升原水的一级泵站以及输送原水到净水工程的输水管等设施，还应包括在特殊情况下为蓄、引城市水源所筑的水闸、堤坝等设施。城市取水工程的功能是将原水取、送到城市净水工程，为城市提供足够的水源。

2. 净水工程

净水工程包括自来水厂、清水库、输送净水的二级泵站等设施。净水工程的功能是将原水净化处理成城市用水水质标准的净水，并加压输入城市供水管网。

3．输配水工程

输配水工程包括从净水工程输入城市供配水管网的输水管道、供配水管网以及调节水量、水压的高压水池、水塔、清水增压泵站等设施。输配水工程的功能是将净水保质、保量、稳压地输送至用户。

10.1.2　城市给水工程规划的主要任务

城市给水工程规划的主要任务是：根据城市和区域水资源的状况，最大限度地保护和合理利用水资源，合理选择水源，确定供水标准，预测供水负荷，进行城市水源规划和水资源利用平衡工作；确定城市自来水厂等给水设施的规模、容量；科学布局给水设施和各级给水管网系统，满足用户对水质、水量、水压等的要求；制定水源和水资源的保护措施。

10.1.3　城市给水工程规划的主要内容

1．内容要求

（1）用水量标准，生产、生活、市政用水总量估算。

（2）平衡供需水量，选择水源，确定取水方式和位置。

（3）确定给水系统的形式（图 10-1、图 10-2）、水厂供水能力和厂址，选择处理工艺。

（4）布置输配水干管、输水管网和供水重要设施。

（5）确定水源的卫生防护措施。

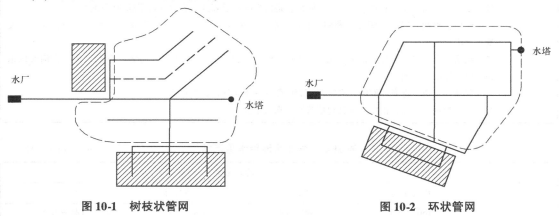

图 10-1　树枝状管网　　　　　　　　图 10-2　环状管网

2．文本内容

（1）确定水量标准，预测城市总用水量。

（2）水资源供需平衡，水源地选择、供水能力、取水方式、净水方案、水厂制水能力。

（3）输水管网及配水干管布置、加压站位置及数量。

（4）水源的防护措施。

3．图纸内容

（1）水源及水源井、泵房、水厂、贮水池位置，供水能力。

（2）给水分区和规划供水量。

（3）输配水干管走向、管径、主要加压站、高位水池规模及位置。

10.1.4 城市给水工程规划的相关技术标准

城市给水工程规划的相关技术标准见表 10-1 至表 10-4。

表 10-1 城市居民生活用水量标准

地域分区	日用水量/（L·人$^{-1}$·d^{-1}）	适用范围
一	80 ~ 135	黑龙江、吉林、辽宁、内蒙古
二	85 ~ 140	北京、天津、河北、山东、河南、陕西、山西、宁夏、甘肃
三	120 ~ 180	上海、江苏、浙江、福建、江西、湖北、湖南、安徽
四	150 ~ 220	广西、广东、海南
五	100 ~ 140	重庆、四川、贵州、云南
六	75 ~ 125	新疆、西藏、青海

表 10-2 城市单位建设用地综合用水指标 万 m^3／（km^2·d）

区域	城市规模			
	特大城市	大城市	中等城市	小城市
一区	1.0 ~ 1.7	0.7 ~ 1.3	0.6 ~ 1.0	0.4 ~ 0.9
二区	0.5 ~ 1.2	0.3 ~ 0.9	0.3 ~ 0.7	0.25 ~ 0.6
三区	0.5 ~ 0.8	0.3 ~ 0.7	0.25 ~ 0.5	0.2 ~ 0.4

注：1. 特大城市：是指市区和近郊区非农业人口 100 万及以上的城市；大城市：是指市区和近郊区非农业人口 50 万及以上，不满 100 万的城市；中、小城市：是指市区和近郊区非农业人口不满 50 万的城市。

2. 一区包括：贵州、四川、湖北、湖南、江西、浙江、福建、广东、广西、海南、上海、云南、江苏、安徽、重庆；

二区包括：黑龙江、吉林、辽宁、北京、天津、河北、山西、河南、山东、宁夏、陕西、内蒙古河套以东和甘肃黄河以东的地区；

三区包括：新疆、青海、西藏、内蒙古河套以西和甘肃黄河以西的地区。

3. 本表指标为规划最高日指标，并已包括管网漏水失水量

表 10-3 居住用地用水量指标 m^3／（ha·d）

区域	城市规模			
	特大城市	大城市	中等城市	小城市
一区	180 ~ 280	160 ~ 250	130 ~ 230	125 ~ 220
二区	130 ~ 195	110 ~ 170	95 ~ 150	85 ~ 145
三区	130 ~ 185	110 ~ 160	95 ~ 140	85 ~ 133

注：1. 城市分类和分区见表 10-2 注；

2. 本表指标为规划最高日指标

表 10-4 其他用水量指标 m^3／（ha·d）

序号	用地代号	用地名称	用水量指标
1	W	仓储用地	20 ~ 50
2	T	对外交通	35 ~ 60
3	S	道路广场	20 ~ 25
4	V	市政公园用地	25 ~ 50

续表

序号	用地代号	用地名称	用水量指标
5	G	绿地	10~30
6	D	特殊用地	50~90

注：1. 沿海开发区城市综合用水量指标可根据实际情况酌情增加；
　　2. 本表指标为规划最高日指标

10.1.5　城市给水工程规划的工作程序框图

城市给水工程规划的工作程序框图如图 10-3 所示。

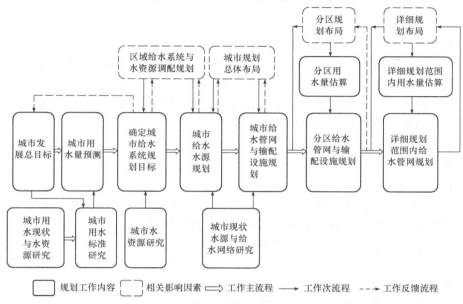

图 10-3　城市给水工程规划的工作程序框图

10.2　城市排水工程设施规划

10.2.1　城市排水工程系统的构成与功能

城市排水工程系统由城市雨水排放工程、城市污水处理与排放工程组成。

1. 城市雨水排放工程

城市雨水排放工程包括雨水管渠、雨水收集口、雨水检查井、雨水提升泵站、排洪泵站、雨水排放口等设施，还应包括为确保城市雨水排放所建的水闸、堤坝等设施。城市雨水排放工程的功能是及时收集与排放城区雨水与降水、抗御洪水、潮汛水侵袭、避免和迅速排除城区渍水。

2. 城市污水处理与排放工程

城市污水处理与排放工程包括污水处理厂、污水管道、污水检查井、污水提升泵站、污水排放口等设施。城市污水处理与排放工程的功能是收集和处理城市各种生活污水、生产废水，综合利用、妥善排放处理后的污水，控制与治理城市水污染，保护城市与区域水环境。

10.2.2 城市排水工程规划的主要任务

城市排水工程规划的主要任务是：根据城市自然环境和用水状况，合理确定规划期内的污水处理量、污水处理设施的规模与容量、降水排放设施的规模与容量；科学布局污水处理厂等各种污水处理与收集设施、排涝泵站等雨水排放设施，以及各级污水管网；制定水环境保护、污水治理与利用等对策和措施。

10.2.3 城市排水工程规划的主要内容

1. 内容要求
(1) 确定排水体制（图 10-4 至图 10-7）。
(2) 划分排水区域，估算雨水、污水总量，制定不同地区污水处理排放标准。
(3) 进行排水管渠系统规划布局，确定水闸、雨水、污水泵站数量、位置。
(4) 确定排水设施和污水处理设施的数量、规模、处理等级以及用地范围。
(5) 确定排水干管、渠的走向和出口位置。
(6) 提出污水综合治理利用措施。

2. 文本内容
(1) 排水制度。
(2) 划分排水区域，估算雨水、污水总量，制定不同地区污水处理排放标准。
(3) 进行排水管渠系统规划布局，确定主要泵站及位置。
(4) 污水处理厂布局、规模、处理等级以及综合利用的措施。

3. 图纸内容
(1) 排水分区界线，汇水总面积，规划排水总量。
(2) 排水管渠干线位置、走向、管径和出口位置。
(3) 排水泵站和其他排水构筑物规模位置。
(4) 污水处理厂位置、用地范围。

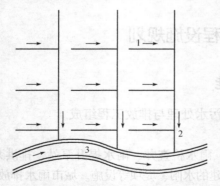

图 10-4 直排式合流制排水系统
1—合流支管；2—合流干管；3—河流

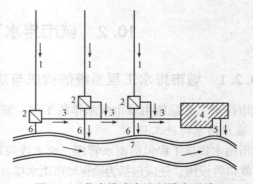

图 10-5 非直排式合流制排水系统
1—合流干管；2—流溢井；3—截流主干管；
4—污水厂；5—出水口；6—溢流干管；7—河流

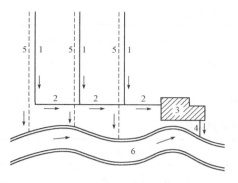

图 10-6　完全分流制排水系统

1—污水干管；2—污水主干管；3—污水厂；
4—出水口；5—雨水干管；6—河流

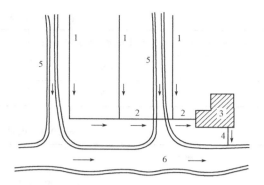

图 10-7　不完全分流制排水系统

1—污水干管；2—污水主干管；3—污水厂；
4—出水口；5—明渠或小河；6—河流

10.2.4　城市排水工程规划的相关技术标准

城市排水工程规划的相关技术标准见表 10-5 至表 10-9。

表 10-5　城市污水排水率

污水性质		排水率
城市污水		0.75 ~ 0.90
城市生活污水		0.85 ~ 0.95
工业废水	一类工业	0.80 ~ 0.90
	二类工业	0.80 ~ 0.95
	三类工业	0.75 ~ 0.95

注：1. 城市生活污水量是指居民生活污水与公共设施污水两部分之和；

　　2. 排水系统完善的地区取大值，一般地区取小值；

　　3. 工业分类按《城市用地分类与规划建设用地标准》（GB50 137—201）中对工业用地的分类；

　　4. 城市工业供水量，是工业所取用新鲜水量，即工业取水量

表 10-6　生活污水量总变化系数

污水平均日流量/（L·s⁻¹）	5	15	40	70	100	200	500	> 1 000
总变化系数 K	2.3	2.0	1.8	1.7	1.6	1.5	1.4	1.3

表 10-7　污水管道的最小管径和最小设计坡度

管道位置	最小管径/mm	最小设计坡度
在街坊和厂区内	200	0.004
在街道下	300	0.003

表 10-8　最大设计充满度

管径 D 或暗渠 H/mm	最大设计充满度 h/D 或 h/H	管径 D 或暗渠 H/mm	最大设计充满度 h/D 或 h/H
200～300	0.55	500～900	0.70
350～450	0.65	≥1 000	0.75

表 10-9　设计降雨重现期

地形		设计降雨重现期/年		
地形分级	地面坡度	一般居住区，一般道路	中心区、使馆区、工厂区、仓库区、干道、广场	特殊重要地区
有两向地面排水出路的平缓地形	<0.002	0.333～0.5	0.5～1	1～2
有一面向地面排水出路的谷线	0.002～0.01	0.5～1	1～2	2～3
无地面排水出路的封闭洼地	>0.01	1～2	2～3	3～5

10.2.5　水力计算的设计规定

雨水管道一般采用圆形断面，但当直径超过 2 m 时，也可采用矩形、半椭圆形或马蹄形。明渠一般采用矩形或梯形。为了保证雨水管渠正常工作，避免发生淤积、冲刷等情况，有关设计数据如下：

（1）设计充满度为 1，即按满流计算。明渠超高应大于或等于 0.2 m。

（2）满流时管道内最小设计流速不小于 0.75 m/s，起始管段地形平坦，最小设计流速不小于 0.6 m/s，最大允许流速同污水管道。明渠最小设计流速不得小于 0.4 m/s，最大允许流速根据管渠材料确定。

（3）最小管径和最小设计坡度：雨水支干管最小管径 300 mm，相应最小设计坡度 0.002；雨水口连接管最小管径 200 mm，设计坡度不小于 0.01；梯形明渠底宽最小 0.3 m。

（4）覆土与埋深：最小覆土在车行道下一般不小于 0.7 m；在冰冻深度小于 0.6 m 的地区，可采用无覆土的地面式暗沟；最大埋深与理想埋深同污水管道；明渠应避免穿过高地。

（5）不同直径的管道在检查井内连接时，一般采用管顶平接。不同断面管道必要时也可采用局部管段管底平接。

10.2.6　城市排水工程规划的工作程序框图

城市排水工程规划的工作程序框图如图 10-8 所示。

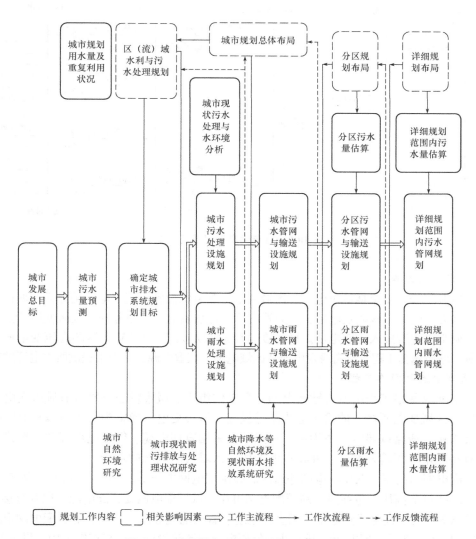

图 10-8 城市排水工程规划的工作程序框图

10.3 城市供电工程系统规划

10.3.1 城市供电工程系统的构成与功能

城市供电工程系统由城市电源工程、城市输配电网络工程组成，如图 10-9 所示。

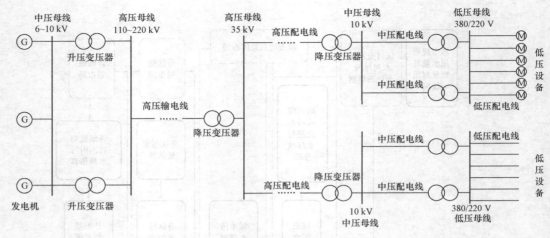

图 10-9　城市供电工程系统组成

1. 城市电源工程

城市电源工程主要包括城市电厂、区域变电所等电源设施。城市电厂是专为本城市的火力发电站、水力发电厂、核能发电厂、风力发电厂、地热发电厂等服务的。区域变电所是区域电网上供给城市电源所接入的变电所。区域变电所通常是大于 110 kV 电压的高压变电所或超高压变电所。城市电源工程具有自身发电或从区域电网上获取电源，为城市提供所需电源的功能。

2. 城市输配电网络工程

城市输配电网络工程由城市输送电网与配电网组成。城市输送电网含有城市变电所和从城市电厂、区域变电所接入的输送电线路等设施。城市变电所通常为大于 10 kV 电压的变电所。城市输送电线路以架空电缆为主，重点地段采用直埋电缆、管道电缆等敷设形式。输送电网具有将城市电源输入城区，并将电源变压输入城市配电网的功能。

城市配电网由高压、低压配电网等组成。高压配电网电压等级为 1~10 kV，含有变电所、开关站、1~10 kV 高压配电线路。高压配电网可作为低压配电网变、配电源，以及直接为高压电用户送电等。高压配电线路通常采用直埋电缆、管道电缆等敷设形式。低压配电网电压等级为 220 V~1 kV，含低压配电所、开关站、低压电力线路等设施，具有直接为用户供电的功能。

10.3.2　城市供电工程规划的主要任务

城市供电工程规划的主要任务是：结合城市和区域电力资源状况，合理确定规划期内的城市用电标准、用电负荷，合理进行城市电源选择并进行城市电源规划；确定城市输、配电设施的规模、容量以及电压等级；科学布局变电所等变电设施和输配电网络；制定各类供电设施和电力线路的保护措施。

10.3.3　城市供电工程规划的主要内容

1. 内容要求

（1）预测城市供电负荷。

（2）选择城市供电电源。

（3）确定城市变电站容量和数量。

（4）布局城市高压输电网和高压走廊。

（5）提出城市高压配电网规划技术原则。

2．文本内容

（1）用电量指标、总用电负荷、最大用电负荷、分区负荷密度。

（2）供电电源选择。

（3）变电所位置，变电等级、容量输配电系统电压等级，敷设方式。

（4）高压走廊用地范围、防护要求。

3．图纸内容

（1）供电电源位置，供电能力。

（2）变电站位置、名称、容量、电压等级。

（3）供电线路走向、电压等级、敷设方式。

（4）高压走廊用地范围、电压等级。

10.3.4　城市供电工程规划的相关技术标准

城市供电工程规划的相关技术标准见表 10-10 至表 10-12。

表 10-10　规划人均综合用电量指标（不含市辖市、县）

指标分级	城市用电水平分类	人均综合用电量/（kW·h·人⁻¹·年⁻¹）	
		现状	规划
Ⅰ	用电水平较高城市	3 500～2 501	8 000～6 001
Ⅱ	用电水平中上城市	2 500～1 501	6 000～4 001
Ⅲ	用电水平中等城市	1 500～701	4 000～2 501
Ⅳ	用电水平较低城市	700～250	2 500～1 000

注：不含市辖市、县的城市人均综合用电量现状水平高于或低于表中规定的现状指标最高或最低限值的城市，其规划人均综合用电量指标的选取，应视其城市具体情况因地制宜确定

表 10-11　规划人均居民生活用电量指标（不含市辖市、县）

指标分级	城市居民生活用电水平分类	人均居民生活用电量/（kW·h·人⁻¹·年⁻¹）	
		现状	规划
Ⅰ	生活用电水平较高城市	400～201	2 500～1 501
Ⅱ	生活用电水平中上城市	200～101	1 500～801
Ⅲ	生活用电水平中等城市	100～51	800～401
Ⅳ	生活用电水平较低城市	50～20	400～250

注：不含市辖市、县的城市的人均居民生活用电量现状水平高于或低于表中规定的现状指标最高或最低限值的城市，其规划人均居民生活用电量指标的选取，应视其具体情况因地制宜确定

表 10-12　市区 35～500 kV 高压架空电力线路规划走廊宽度

线路电压等级/kV	500	330	220	66、110	35
高压走廊宽度/m	60～75	35～45	35～40	15～25	12～20

10.3.5 城市供电工程规划的工作程序框图

城市供电工程规划的工作程序框图如图 10-10 所示。

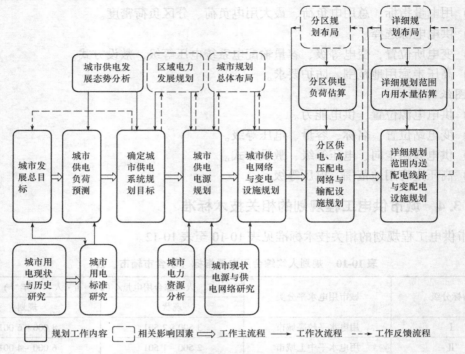

图 10-10 城市供电工程规划的工作程序框图

10.4 城市通信工程系统规划

10.4.1 城市通信工程系统的构成与功能

城市通信工程系统由城市邮政、城市电信、城市广播电视等分系统组成。

1. 城市邮政系统

城市邮政系统通常有邮政局（所）、邮政通信枢纽、报刊门市部、售邮门市部、邮亭等设施。邮政局（所）经营邮件传递、报刊发行、电报及邮政储蓄等业务。邮政通信枢纽起收发、分拣各种邮件的作用。

城市邮政系统具有快速、安全传递城市各类邮件、报刊、电报等功能。

2. 城市电信系统

城市电信系统由电话局（所、站）和电话网组成，有长途电话局和市话局（含各级汇接局、端局等）、微波站、移动电话基站、无线寻呼台以及无线电收发信台等设施。

电话局（所、站）具有收发、交换、中继等功能。

电信网包括电信光缆、光接点、电话接线箱等设施，具有传送包括语音、数据等各种信息流的功能。

3. 城市广播电视系统

城市广播电视系统有无线广播电视和有线广播电视两种广播方式。广播电视系统含有广播电视台站工程和广播电视线路工程。

广播电视台站工程有无线广播电视台、有线广播电视台、有线电视前端、分前端以及广播电视节目制作中心等设施。广播电视台站工程的功能是制作播放广播节目。

广播电视线路工程主要有有线广播电视的光缆、电缆以及光电缆通道等。

广播电视线路工程的功能是传递信息、传输数据。

10.4.2　城市通信工程规划的主要任务

城市通信工程规划的主要任务是：结合城市通信实况和发展趋势，确定规划期内的城市通信的发展目标，预测通信需求；合理确定邮政、电信、广播电视等各种通信设施的规模、容量；科学布局各类通信设施和通信线路；制定通信设施综合利用对策与措施，以及通信设施的保护措施。

10.4.3　城市通信工程规划的主要内容

1. 内容要求

（1）预测近、远期通信需求量，预测与确定近、远期电话普及率和装机容量，确定邮政、电信、广播电视等发展目标和规模。

（2）提出城市通信工程规划的原则及其主要技术措施。

（3）确定邮局、电话局所、广播和电视台站等通信设施的规模、布局。

（4）进行电信网与有线广播电视网的规划。

（5）划分城市微波通道和无线电收发信区，制定相应主要保护措施。

2. 文本内容

（1）各项通信设施的标准和发展规模。

（2）邮政设施标准、服务范围、发展目标，主要局所网点布置。

（3）通信线路布置、用地范围、敷设方式。

（4）通信设施布局和用地范围，收发信区和微波通道的保护范围。

3. 图纸内容

（1）各种通信设施位置、通信线路走向和敷设方式。

（2）主要邮局设施布局。

（3）收发信区、微波通道等保护范围。

10.4.4　城市通信工程规划的相关技术标准

城市通信工程规划的相关技术标准见表 10-13 至表 10-16。

表 10-13 城市邮政服务网点设置参考值

城市人口密度/（万人·km⁻²）	服务半径/km	城市人口密度/（万人·km⁻²）	服务半径/km
>2.5	0.5	0.5~1.0	0.81~1
2.0~2.5	0.51~0.6	0.1~0.5	1.01~2
1.5~2.0	0.61~0.7	0.05~0.1	2.01~3
1.0~1.5	0.71~0.8		

表 10-14 省级电视中心建设规模分类

项目		Ⅰ类	Ⅱ类
播出节目量/（h·d⁻¹）	一套综合节目	4~5	8~10
	一套教育节目	3~4	6~8
自制节目量（h·d⁻¹）	自制综合节目	1	2
	自制教育节目	1~2	3~4
建筑面积/m²		14 000	19 000
占地面积/ha		3~4	4~5

表 10-15 电信管线与其他工程管线交叉时的垂直净距

管线名称		给水管线	排水管线	燃气管线	热力管线	电信管线	电力管线	沟渠基础底	涵洞基础底	电车轨底	铁路轨底
垂直净距/m	直埋	0.50	0.50	0.50	0.15	0.25	0.50	0.50	0.20	1.00	1.00
	管沟	0.15	0.15	0.15	0.15	0.25	0.50	0.50	0.25	1.00	1.00

表 10-16 架空电缆与明线线路架设高度表

名称	与线路方向平行时		与线路方向垂直时	
	架设高度/m	备注	架设高度/m	备注
市内街道	4.5	最低线条到地面	5.5	最低线条到地面
市内里弄胡同	4.0	最低线条到地面	5.0	最低线条到地面
铁路	3.0	最低线条到轨面	7.0	最低线条到轨面
公路	3.0	最低线条到地面	5.5	最低线条到地面
房屋建筑物			0.6	最低线条到屋脊
			1.5	最低线条到平顶
河流			1.0	最低线条到最高水位时的船桅
市区树木			1.0	最低裸条到树枝的垂直距离
郊区树木			1.0	最低裸条到树枝的垂直距离
其他通信导线			0.6	一方最低线条到另一方最高线条

10.4.5 城市通信工程规划的工作程序框图

城市通信工程规划的工作程序框图如图 10-11 所示。

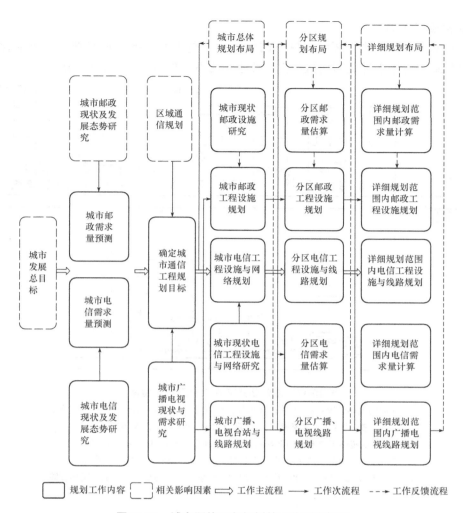

图 10-11 城市通信工程规划的工作程序框图

10.5 城市供热工程系统规划

10.5.1 城市供热工程系统的构成与功能

城市供热工程系统由供热热源工程和供热管网工程组成，如图 10-12 和图 10-13 所示。

1. 供热热源工程

供热热源工程包含城市热电厂、区域锅炉房等设施。城市热电厂是以城市供热为主要功能的火力发电厂，供给高压蒸汽、采暖热水等。区域锅炉房是城市地区性集中供热的锅炉房，主要用于城市采暖，或提供近距离的高压蒸汽。

2. 供热管网工程

供热管网工程包括热力泵站、热力调压站和不同压力等级的蒸汽管道、热水管道等设施。热力泵站主要用于远距离输送蒸汽和热水热力调压站调节蒸汽管道的压力。

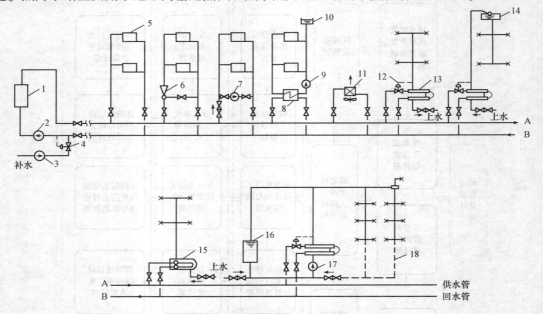

图 10-12　双管闭式热水供热系统示意图

1—热源的加热装置；2—网路循环水泵；3—补给水泵；4—补给水压力调节剂；

5—散热器；6—水喷射器；7—混合水泵；8—表面式水-水换热器；

9—供暖热用户系统的循环水泵；10—膨胀水箱；11—空气加热器；

12—温度调节器；13—水-水式换热器；14—储水器；15—容积式换热器；

16—下部储水箱；17—热水供应系统的循环水泵；18—热水供应系统的循环管路

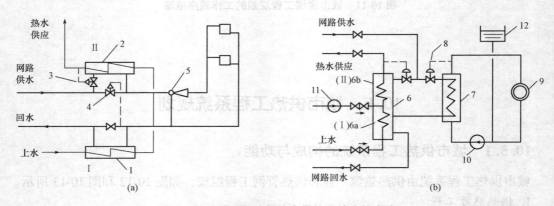

图 10-13　供暖系统与热水供热系统连接方式

1—Ⅰ级热水供应水加热器；2—Ⅱ级热水供应水加热器；3—水温调节器；4—流量调节器；

5—水喷射器；6—热水供应加热器；7—供暖系统水加热器；8—流量调节装置；

9—供暖热用户系统；10—供暖系统循环水泵；11—热水供应系统的循环水泵；

12—膨胀水箱；6a—水加热器的预热段；6b—水加热器的终热段

10.5.2　城市供热工程规划的主要任务

城市供热工程规划的主要任务是：根据当地气候、生活与生产需求，确定城市集中供热对象、供热标准、供热方式；合理选择气源，预测供热负荷，进行城市热源工程规划，确定城市热电厂、热力站等供热设施的数量和容量；科学布局各种供热设施和供热管网；制定节能保温的对策与措施，以及供热设施的保护措施。

10.5.3　城市供热工程规划的主要内容

1. 内容要求
（1）确定集中供热对象和供热标准，预测供热负荷。
（2）选择热源和供热方式。
（3）确定热源设施的供热能力、数量和布局。
（4）布局供热设施和供热干管网。
（5）制定供热设施保护措施。
2. 文本内容
（1）估算供热负荷，确定供热方式。
（2）划分供热区域范围，布置热电厂。
（3）热力网系统，敷设方式。
（4）连片集中供热规划。
3. 图纸内容
（1）供热热源位置、供热量。
（2）供热分区、热负荷。
（3）供热干管走向、管径、敷设方式。

10.5.4　城市供热工程规划的相关技术标准

城市供热工程规划的相关技术标准见表 10-17 和表 10-18。

表 10-17　采暖热指标推荐值

建筑物类型	住宅	居住区综合	学校办公	医院幼托	旅馆	商店	食堂餐厅	影剧院展览馆	大礼堂体育馆
热指标 / ($W \cdot m^{-1}$)	58~64	60~67	60~80	65~80	60~70	65~80	115~140	95~115	115~165

表 10-18　热水管网管径估算表

热负荷		供回水温差/℃									
		20		30		40 (110-70)		60 (130-70)		80 (150-70)	
万 m^2	MW	流量 / ($t \cdot h^{-1}$)	管径 /mm	流量 / ($t \cdot h^{-1}$)	管径 /mm	流量 / ($t \cdot h^{-1}$)	管径 /mm	流量 / ($t \cdot h^{-1}$)	管径 /mm	流量 / ($t \cdot h^{-1}$)	管径 /mm
10	6.98	300	300	200	250	150	250	100	200	75	200

热负荷		供回水温差/℃									
		20		30		40 (110−70)		60 (130−70)		80 (150−70)	
万 m²	MW	流量/(t·h⁻¹)	管径/mm	流量/(t·h⁻¹)	管径/mm	流量/(t·h⁻¹)	管径/mm	流量/(t·h⁻¹)	管径/mm	流量/(t·h⁻¹)	管径/mm
20	13.96	400	400	400	350	300	300	200	250	150	250
30	20.93	450	450	600	400	450	350	300	300	225	300
40	27.91	600	600	800	450	600	400	400	350	300	300
50	34.89	600	600	1 000	500	750	450	500	400	375	350
60	41.87	600	600	1 200	600	900	450	600	400	450	350
70	48.85	2 100	700	1 400	600	1 050	500	700	450	525	400
80	55.82	2 400	700	1 600	600	1 200	600	800	450	600	400
90	62.80	2 700	700	1 800	600	1 350	600	900	450	675	450
100	69.78	3 000	800	2000	700	1 500	600	1 000	500	750	450
150	104.67	4 500	900	3 000	800	2 250	700	1 500	600	1 125	500
200	139.56	6 000	1 000	4 000	900	3 000	800	2000	700	1 500	600
250	174.45	7 500	2×800	5 000	900	3 750	800	2 500	700	1 875	600
300	209.34	9 000	2×900	6 000	1 000	4 500	900	3 000	800	2 250	700
350	244.23	10 560	2×900	7 000	1 000	5 250	900	3 500	800	2 625	700
400	279.12			8 000		6 000	1 000	4 000	900	3 000	800
450	314.01			9 000		6 750	1 000	4 500	900	3 375	800
500	348.90			10 000		7 500	2×800	5 000	900	3 750	800
600	418.68					9 000	2×900	6 000	1 000	4 500	900
700	488.46					10 500	2×900	7 000	1 000	5 250	900
800	558.24							8 000	2×900	6 000	1 000
900	628.02							9 000	2×900	6 750	1 000
1 000	697.80							10 000	2×900	7 500	2×800

10.5.5 城市供热工程规划的工作程序框图

城市供热工程规划的工作程序框图如图 10-14 所示。

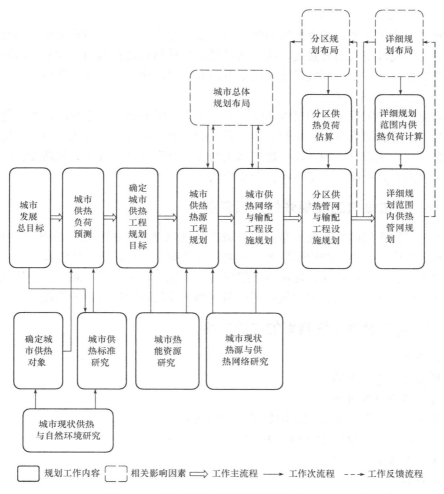

图 10-14　城市供热工程规划的工作程序框图

10.6　城市燃气工程系统规划

10.6.1　城市燃气工程系统的构成与功能

城市燃气工程系统由城市燃气气源工程、燃气储气工程、燃气输配气管网工程等组成。

1. 城市燃气气源工程

城市燃气气源工程包含煤气厂、天然气门站、石油液化气气化站等设施。煤气厂主要由炼焦煤气厂、直立炉煤气厂、水煤气厂、油制气煤气厂四种类型。天然气门站收集当地或远距离输送来的天然气。石油液化气气化站是目前无天然气、煤气厂的城市用作管道燃气的气源，设置方便、灵活。城市燃气气源工程具有为城市提供可靠的燃气气源的功能。

2. 燃气储气工程

燃气储气工程包括各种管道燃气的储气站、石油液化气的储存站等设施。储气站储存煤气厂生产的燃气或输送来的天然气，调节满足城市日常和高峰时的用气需要。石油液化气储存站具有满足液化气气化站用气需求和城市石油液化气供应站的需求等功能。

3. 燃气输配气管网工程

燃气输配气管网工程包含燃气调压站、不同压力等级的燃气输送管网、配气管道。一般情况下，燃气输送管网具有中、长距离输送燃气的功能，不直接供给用户使用。配气管道则具有直接供给用户使用燃气的功能。燃气调压站具有升降管道燃气压力的功能，以便于燃气远距离输送，或由高压燃气降至低压，向用户供气。

10.6.2　城市燃气工程规划的主要任务

城市燃气工程规划的主要任务是：结合城市和区域燃料资源状况，选择城市燃气气源，合理确定规划期内各种燃气的用气标准，预测用气负荷，进行城市燃气气源规划；确定各种供气设施的规模、容量；选择并确定城市燃气管网系统；科学布局气源厂、天然气门站、液化气气化站等产、供气设施和输配气管网；制定燃气设施和管道的保护措施。

10.6.3　城市燃气工程规划的主要内容

1. 内容要求

（1）预测城市燃气负荷。

（2）选择城市气源种类。

（3）确定城市气源厂和储配站的数量、位置与容量。

（4）选择城市燃气输配管网的压力等级。

（5）布局城市输气干管。

2. 文本内容

（1）估算燃气消耗水平，选择气源，确定气源结构。

（2）确定燃气供应规模。

（3）确定输配系统供气方式、管网压力等级、管网系统，确定调压站、罐瓶站、贮存站等工程设施布置。

3. 图纸内容

（1）气源位置、供气能力、储气设备容量。

（2）输配干管走向、压力、管径。

（3）调压站、贮存站位置和容量。

10.6.4　城市燃气工程规划的相关技术标准

城市燃气工程规划的相关技术标准见表10-19至表10-23。

表 10-19　城镇居民生活用气量指标

MJ／（人·年）［1.0×10⁴ kcal／（人·年）］

城镇地区	有集中采暖的用户	无集中采暖的用户
东北地区	2 303 ~ 2 721（55 - 65）	1 884 ~ 2 302（45 ~ 55）
华东、中南地区	—	2 093 ~ 2 305（50 - 55）
北京	2 721 ~ 3 140（65 ~ 75）	2 512 ~ 2 931（60 ~ 70）
成都	—	2 512 ~ 2 931（60 ~ 70）

注：本表是指一户装有一个煤气表的居民在住宅内做饭和热水的用气量。不适用于瓶装液化石油气居民用户；"采暖"是指非燃气采暖；燃气热值按低热值计算

表 10-20　地下燃气管道与建（构）筑物或相邻管道之间的最小水平净距

序号	建筑物相邻管道净距/m 地下燃气管道		低压	中压		高压	
1	建筑物的基础		0.7	1.5	2.0	4.0	6.0
2	给水管		0.5	0.5	0.5	1.0	1.5
3	排水管		1.0	1.2	1.2	1.5	2.0
4	电力电缆		0.5	0.5	0.5	1.0	1.5
5	通信电缆	直埋	0.5	0.5	0.5	1.0	1.5
		在导管内	1.0	1.0	1.0	1.0	1.5
6	其他燃气管道	$d \leq 300$ mm	0.4	0.4	0.4	0.4	0.4
		$d > 300$ mm	0.5	0.5	0.5	0.5	0.5
7	热力管	直埋	1.0	1.0	1.0	1.5	2.0
		在导管内	1.0	1.5	1.5	2.0	4.0
8	电杆的基础	≤35 kV	1.0	1.0	1.0	1.0	1.0
		>35 kV	5.0	5.0	5.0	5.0	5.0
9	通信照明电杆（至电杆中心）		1.0	1.0	1.0	1.0	1.0
10	铁路钢轨		5.0	5.0	5.0	5.0	5.0
11	有轨电车的钢轨		2.0	2.0	2.0	2.0	2.0
12	街树（至树中心）		1.2	1.2	1.2	1.2	1.2

表 10-21　地下燃气管道与构筑物以及相邻管道之间的最小净距

序号	项目		垂直净距/m（当有套管时，以套管计）
1	给水管、排水管或其他燃气管道		0.15
2	热力管的管沟底（或顶）		0.15
3	电缆	直埋	0.50
		在导管内	0.15
4	铁路轨底		1.20
5	有轨电车轨底		1.00

表 10-22　我国液化石油气供应基地主要技术经济指标

名称		压力/MPa
低压燃气管道		≤0.005
中压燃气管道		0.005≤p≤0.2
		0.2≤p≤0.4
高压燃气管道		0.4≤p≤0.8
		0.8≤p≤1.6
注：P 为管内压力		

表 10-23　我国液化石油气供应基地主要技术经济指标

供应规模/ (t·a⁻¹)	供应户数/户	日供应量/ (t·d⁻¹)	占地面积/ha	储罐总容积/m³
1 000	5 000 ~ 5 500	3	1.0	200
5 000	25 000 ~ 27 000	13	1.4	800
10 000	50 000 ~ 55 000	28	1.5	1 600 ~ 2000

10.6.5　城市燃气工程规划的工作程序框图

城市燃气工程规划的工作程序框图如图 10-15 所示。

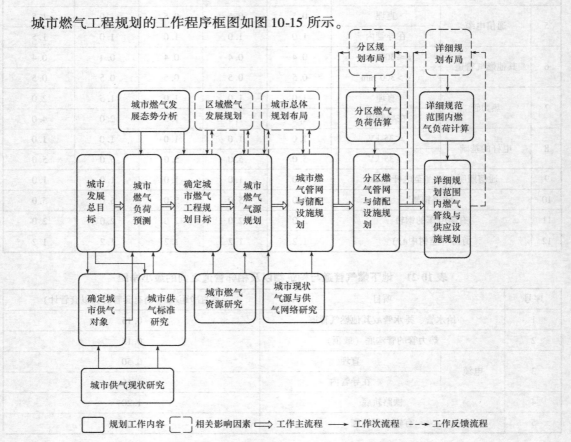

图 10-15　城市燃气工程规划的工作程序框图

10.7　城市环境保护规划

10.7.1　城市环境保护规划的构成与功能

城市环境保护规划由城市大气环境保护规划、城市水环境保护规划、城市固体废物综合整治规划、城市噪声污染控制规划组成。

1. 城市大气环境保护规划

（1）大气环境质量规划。大气环境质量规划以城市总体布局和国家大气环境质量标准为依据，规定了城市不同功能区主要大气污染物的限值浓度。它是城市大气环境管理的基础。

（2）大气污染控制规划。大气污染控制规划是实现大气环境质量规划的技术与管理方案。对于已经受到污染或部分污染的城市，制定大气污染控制规划的目的主要是寻求实现城市大气环境质量规划的简捷、经济和可行的技术方案和管理对策。大气环境污染控制模型是基于设计气象条件、环境目标、经济技术水平、污染特点等因素确定的。

2. 城市水环境保护规划

（1）饮用水源保护规划的主要内容。应明确划分出水源保护区的保护界线，同时制定水源保护区污染防治规划，针对现有污染物提出治理措施，确定各保护区内污染防治措施。

（2）水污染控制规划的主要内容。水污染控制规划以改善水环境质量和维护水生态平衡为目的。其主要内容应包含：对规划区域内的水环境现状进行调查、分析与评价，了解区域内存在的主要环境问题；根据水环境现状，结合水环境功能区划分的状况，计算水环境容量；确定水环境规划目标；对水污染负荷总量进行合理分配；制定水污染综合防治方案，提出水环境综合管理与防治的方法和措施。

3. 城市固体废物综合整治规划

固体废物可分为一般工业固体废物、有毒有害固体废物、城市垃圾及农业固体废物。固体废物综合整治的重点就是综合利用。发展企业间横向联系，促进固体废物重新进入生产循环系统。

4. 城市噪声污染控制规划

城市噪声污染控制规划的目标是为城市居民提供一个安静生活、学习和工作的环境，主要内容包括交通噪声污染控制方案、工业噪声污染控制方案、建筑施工噪声污染控制方案、社会生活噪声污染控制方案等。

10.7.2　城市环境保护规划的主要任务

城市环境保护规划的主要任务是：以城市社会经济发展计划和城市总体规划为总领，在城市总体规划中城市的性质、规模、发展方向的基础上，依据对城市环境质量现状的调查分析所制定的以保护人类的生存环境、减少污染、节约资源为目标的规划体系。我国环境保护应"坚持经济建设、城乡建设与环境建设同步规划、同步实施、同步发展，实现经济效益、社会效益和环境效益协调统一"的总方针和总战略。

10.7.3 城市环境保护规划的主要内容

1. 内容要求

(1) 确定生态环境保护与建设目标。

(2) 提出污染控制与治理措施。

2. 文本内容

(1) 环境质量的规划目标和有关污染物排放标准。

(2) 环境污染的防护、治理措施。

3. 图纸内容

(1) 环境质量现状评价图。

(2) 标明主要污染源分布、污染物质扩散范围、主要污染排放单位名称、排放浓度、有害物质指数。

(3) 环境保护规划图。

(4) 规划环境标准和环境分区质量要求、治理污染的措施。

10.8 城市环境卫生工程系统规划

10.8.1 城市环境卫生工程系统的构成与功能

城市环境卫生工程系统由城市垃圾处理厂、垃圾填埋场、垃圾收集站和转运站、车辆清洗场、环卫车辆场、公共厕所以及城市环境卫生管理设施组成。城市环境卫生工程系统的功能是收集与处理城市各种废弃物，综合利用，变废为宝，清洁市容，净化城市环境。

10.8.2 城市环境卫生工程规划的主要任务

城市环境卫生工程规划的主要任务是：根据城市发展目标和城市规划布局，确定城市环境卫生设施配置标准和垃圾集运、处理方式；合理确定主要环境卫生设施的数量、规模；科学布局垃圾处理场等各种环境卫生设施；制定环境卫生设施的隔离与防护措施；提出垃圾回收利用的对策与措施。

10.8.3 城市环境卫生工程规划的主要内容

1. 内容要求

(1) 预测城市固体废弃物产量，分析其组成和发展趋势，提出污染控制的目标。

(2) 确定城市固体废弃物的收运方案。

(3) 选择城市固体废弃物处理和处置方式。

(4) 布置各类环境卫生设施。

(5) 进行技术经济方案比较。

2．文本内容

（1）环境卫生设施设置原则和标准。

（2）生活废弃物总量，垃圾收集方式、堆放及处理，消纳场所的规模及布局。

（3）公共厕所布局原则、数量。

3．图纸内容

图纸应标明主要环境卫生设施的布局和用地范围，可与环境保护规划图合并。

10.8.4　城市环境卫生工程规划的工作程序框图

城市环境卫生工程规划的工作程序框图如图 10-16 所示。

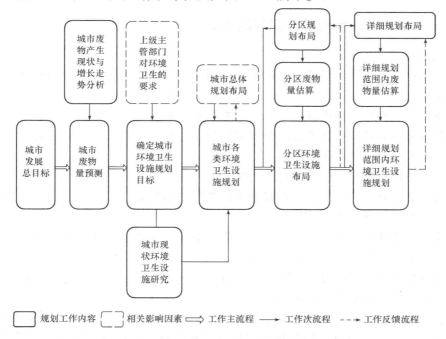

图 10-16　城市环境卫生工程规划的工作程序框图

10.9　城市工程管线综合规划

10.9.1　城市工程管线综合的构成

常规需综合的工程管线主要有四种：给水管道、排水（包括雨、污）沟管、电力线路和通信线路。

10.9.2　城市工程管线综合规划的主要任务

城市工程管线综合规划的主要任务是：根据城市规划布局和城市各专业工程系统规划，

检验各专业工程管线分布的合理程度，提出对专业工程管线规划的修正意见，调整并确定各种工程管线在城市道路上的水平排列位置和竖向标高；确认或调整城市道路横断面；提出各种工程管线的基本埋深和覆土要求。

10.9.3 城市工程管线综合规划的主要内容

（1）确定各种管线的干管走向，在道路路段上的大致水平排列位置。

（2）分析各种工程管线分布的合理性，避免各种管道过于集中在某一城市干道上。

（3）确定必需而有条件的关键点的工程管线具体位置。

（4）提出对各工程管线的修改意见。

10.9.4 城市工程管线综合规划的原则

1. 管线综合规划的一般原则

（1）规划中各种管线的定位应采用统一城市坐标系统，若存在几个坐标系统，必须加以换算，取得统一。

（2）管线综合规划应与道路规划、竖向规划协调进行。

（3）管线敷设方式应根据管线内介质的性质、地形、生产安全、交通运输、施工检修等因素，经技术经济比较后择优确定。

（4）管线带的布置应与道路或建筑红线平行。

（5）必须在满足生产、安全、检修等条件的同时节约地上与地下空间，当技术经济比较合理时，管线应共架、共沟布置。

（6）应减少管线与铁路、道路及其他干管的交叉。当管线与铁路或道路交叉时应为正交，在困难情况下，其夹角不宜小于45°。

（7）当规划区需分区建设时，管线布置应全面规划，近期集中，近远期结合，近期管线穿越远期用地时，不得影响远期用地的使用。

（8）管线综合布置时，干管应布置在用户较多的一侧或管线分类布置在道路两侧。

（9）工程管线与建筑物、构筑物之间以及工程管线之间的水平距离应符合规范规定。若管线间距不能满足规范要求，又不能进行街道拓宽或建筑拆除，可采取一些安全措施，适当减小管线间距。

（10）在同一条城市干道上敷设同一类别管线较多时，宜采用专项管沟敷设。

（11）在交通运输十分繁忙和管线设施繁多的快车道、主干道以及配合兴建地下铁道、立体交叉等工程地段，不允许随时挖掘路面的地段、广场或交叉口处，道路下需同时敷设两种以上管道以及多回路电力电缆，道路与铁路或河流的交叉处，在开挖后难以修复的路面下以及某些特殊建筑物下，应将工程管线采用综合管沟集中敷设。

（12）敷设主管道干线的综合管沟应在车行道下，其覆土深度必须根据道路施工和行车负荷的要求等确定；敷设支管的综合管沟，应在人行道下，其埋设深度可浅些。

（13）电信线路与供电线路通常不合杆架设，同一性质的线路应尽可能合杆，高压输电线路与电信线路平行架设时，要考虑干扰的影响。

2. 管线交叉避让原则

道路下工程管线在路口交叉时或综合布置管线产生矛盾时，应按下列避让原则处理：

压力管让自流管；可弯曲管让不易弯曲管；管径小的让管径大的；分支管线让主干管线。

3. 管线共沟敷设规定

（1）排水管道应布置在沟底。当沟内有腐蚀性介质管道时，排水管道应位于其上面。

（2）腐蚀性介质管道的标高应低于沟内其他管线。

（3）火灾危险性属于甲、乙、丙类的液体，液化石油气，可燃气体，毒性气体和液体以及腐蚀性介质管道，不应共沟敷设，并严禁与消防水管共沟敷设。

（4）凡有可能产生互相影响的管线，不应共沟敷设。

4. 管线排列顺序

（1）管线水平排列顺序。

①在城市道路上，由道路红线至中心线管线排列的顺序宜为电力电缆、通信电缆（或光缆）、燃气配气管、给水配水管、热力管、燃气输气管、雨水排水管、污水排水管。

②在建筑庭院中，由建筑边线向外，管线排列的顺序宜为电力管线、通信管线、污水管、燃气管、给水管、供热管。

③在道路红线宽度大于等于 30 m 时，宜双侧布置给水配水管和燃气配气管；道路红线宽度大于等于 50 m 时，宜双侧设置排水管。

（2）管线竖向排列顺序。在进行管线竖向排列时，管线竖向排序自上而下宜为电力和通信管线、热力管、燃气管、给水管、雨水管和污水管。交叉点各类管线的高程应根据排水管的高程确定。

第 11 章
综合防灾设施规划

由于城市财富和人员高度集中，一旦发生灾害，造成的损失很大，所以，在区域减灾的基础上，城市应采取措施，立足于防。城市防灾工作的重点是防止城市灾害的发生，以及防止城市所在区域发生的灾害对城市造成的影响。因此，城市防灾不仅仅指防御或防止灾害的发生，实际上还应包括对城市灾害的监测、预报、防护、抗御、救援和灾后恢复重建等多方面的工作。

城市防灾措施可以分为两种：一种为政策性措施，又可称为"软措施"；另一种为工程性措施，又可称为"硬措施"。两者是相互依赖、相辅相成的。必须从政策制定和工程设施建设两方面入手，软硬兼施，双管齐下，才能搞好城市的防灾工作。城市防灾系统主要由城市抗震、消防、防洪（潮、汛）、人防等系统及救灾生命线系统等组成。

11.1　城市消防系统

城市消防系统有消防站、消防给水管网、消火栓等设施。城市消防系统的功能是日常防范火灾，及时发现与迅速扑灭各种火灾，避免或减少火灾损失。

11.1.1　城市消防系统规划的主要内容

（1）城市消防安全布局。

（2）城市消防站、消防装备、消防通信、消防车通道等。

（3）易燃易爆、火灾危险大的单位所在位置、周围环境、主导风向、安全间距等方面的控制。

（4）燃气调压站、石油液化气储备站等的安全间距。

（5）加油站的布点。

（6）旧城改造中的消防问题及消防通道、设施等。

（7）古建筑及重点文物保护单位的消防措施。

（8）燃气管道、高压输电线等设施的消防措施等。

11.1.2　城市消防系统规划的相关技术标准

1. 城市道路的消防车道设置要求

城市道路设计必须考虑设置消防车道：

（1）消防车道宽度不应小于 3.5 m，净空高度不应小于 4 m。

（2）环形消防车道至少应有两处与其他车道连通。尽头式消防车道应设置回车道或回车场，回车场的面积不宜小于 15 m × 15 m；供大型消防车使用时，不宜小于 18 m × 18 m。

（3）消防车道不宜与铁路正线平交。若必须平交，应设置备用车道，且两车道之间的间距不应小于一列火车的长度。

（4）供消防车取水的天然水源和消防水池应设置消防车道。

2. 建筑的消防车道设置要求

（1）街区内的道路应考虑消防车的通行，其道路中心线的间距不宜大于 160 m。当建筑物沿街部分的长度大于 150 m 或总长度大于 220 m 时，应设置穿过建筑物的消防车道。当多层建筑设置穿过建筑物的消防车道确有困难时，应设置环形消防车道。

（2）有封闭内院或天井的建筑物，当其短边长度大于 24 m 时，宜设置进入内院或天井的消防车道。

（3）当有封闭内院或天井的建筑物沿街时，应设置连通街道和内院的消防通道，其间距不宜大于 80 m。

（4）超过 3 000 个座位的体育馆、超过 2 000 个座位的会堂和占地面积大于 3 000 m² 的展览馆等公共建筑，宜设置环形消防车道。

（5）工厂、仓库区内应设置消防车道。

（6）消防车道的净宽度和净高度均不应小于 4 m。供消防车停留的空地，其坡度不宜大于 3%。消防车道距高层建筑外墙宜大于 5 m。

3. 建筑物防火间距标准

我国有关规范要求多层建筑与多层建筑的防火间距应不小于 6 m，高层建筑与多层建筑的防火间距应不小于 9 m，而高层建筑与高层建筑的防火间距应不小于 13 m。

4. 建筑设计标准

高层建筑的底边至少有一个长边或周边长度的 1/4 不小于一个长边的长度，不应布置高度大于 5 m 且进深大于 4 m 的裙房，在此范围内必须设有直通室外的楼梯或直通楼梯间的出口。

5. 消防用水标准

城镇和居住区等市政消防供给设计流量，应按同一时间内的火灾起数和一起火灾灭火设计流量经计算确定。同一时间内的火灾起数和一起火灾灭火设计流量不应小于表 11-1 的规定，其他内容要求见《消防给水及消火栓系统技术规范》（GB 50974—2014）。

表 11-1　城镇和居住区同一时间内的火灾起数和一起火灾灭火的设计流量

人数 N/万人	同一时间内的火灾起数/起	一起火灾灭火的设计流量/（L·s^{-1}）
$N \leqslant 1.0$	1	15
$1.0 < N \leqslant 2.5$		30
$2.5 < N \leqslant 5.0$	2	30
$5.0 < N \leqslant 20.0$		45
$20.0 < N \leqslant 30.0$		60
$30.0 < N \leqslant 40.0$		75
$40.0 < N \leqslant 50.0$		75
$50.0 < N \leqslant 70.0$	3	90
$N > 70.0$		100

6. 消防站的设置

城市消防站的设置见表 11-2。

表 11-2　城市消防站的设置

分级	建筑面积指标/m^2	设置要求
一级普通消防站	2 700～4 000	城市必须设立一级普通消防站
二级普通消防站	1 800～2 700	城市建成区内设置一级普通消防站确有困难的区域，经论证可设二级普通消防站
特勤消防站	4 000～5 600	地级以上城市（含）以及经济较发达的县级城市应设立特勤消防站

有任务需要的城市可设水上消防站、航空消防站等专业消防站。

有些城郊的居住小区，如离消防中队较远，且小区人口在 15 000 人以上时，应设置一个消防站，危险区应设置特勤消防站。

11.2　城市防洪（潮、汛）系统

城市防洪（潮、汛）系统有防洪（潮、汛）堤、截洪沟、泄洪沟、分洪闸、防洪闸、排洪泵站等设施。城市防洪（潮、汛）系统的功能是采用避、拦、堵、截、导等各种方法，抗御洪水和潮汛的侵袭，排出城区涝渍，保护城市安全。

11.2.1　城市防洪（潮、汛）系统规划的主要内容

1. 文本内容

（1）城市需设防地区（防江河洪水、防山洪、防海潮、防泥石流）范围、等级、防洪标准。

（2）防洪区段安全泄洪量。

（3）设防方案，防洪堤坝走向，排洪设施位置和规模。

（4）防洪设施与城市道路、公路、桥梁交叉方式。

（5）排洪防涝的措施。

2. 图纸内容

（1）各类防洪工程设施（水库、堤坝闸门、泵站、泄洪道等）的位置、走向。

（2）防洪设防地区范围、洪水流向。

（3）排洪设施位置、规模。

11.2.2　城市防洪（潮、汛）系统规划的措施

1. 以蓄为主

（1）水土保持。

（2）水库蓄洪和滞洪。

2. 以排为主

（1）修筑堤坝。

（2）整治河道。

一般情况下，处于河道上中游的城市多采用以蓄为主的防洪措施，而处于河道下游的城市，河道坡度较平缓，泥沙淤积，多采用以排为主的防洪措施。对于山区城市，要采取以蓄为主的防洪措施，同时考虑具体情况在城区外围修建山洪防治排洪沟。而平原城市，市区内应有可靠的雨水排除系统。

11.2.3　城市防洪（潮、汛）系统规划的相关技术标准

1. 防洪标准

防洪标准是防洪规划、设计、建设和运行管理的重要依据，是指防洪对象应具备的防洪（潮、汛）能力，一般用可防御洪水相应的重现期或出现频率表示（表11-3）。

表11-3　城市的等级和防洪标准

等级	重要程度	城市人口/万人	防洪标准/（重现期·年）		
			河（江）洪、海潮	山洪	泥石流
Ⅰ	特别重要城市	≥150	≥200	100~50	>100
Ⅱ	重要城市	150~50	200~100	50~20	100~50
Ⅲ	中等城市	50~20	100~50	20~10	50~20
Ⅳ	一般城镇	≤20	50~20	10~5	20

2. 校核标准

对重要工程的规划设计，除正常运用的设计标准外，还应考虑校核标准，即在非常情况下，洪水不会淹没坝顶、堤顶或沟槽。校核标准见表11-4。

表11-4　防洪校核标准

设计标准频率	校核标准频率
1%（百年一遇）	0.2%~0.33%（500~300年一遇）
2%（50年一遇）	1%（百年一遇）
5%~10%（20~10年一遇）	2%~4%（50~25年一遇）

11.3 城市抗震系统

城市抗震系统的主要功能在于提高建筑物、构筑物等抗震强度，合理设置避灾疏散场地和道路。

11.3.1 城市抗震系统规划的主要内容

（1）避震疏散规划，包括疏散通道及疏散场地的安排。
（2）城市生命系统的防护，包括城市交通、通信、给水、燃气、消防、医疗系统等。
（3）震前准备及震后抢险救灾指挥系统的布局。
（4）防止次生灾害的发生。

11.3.2 城市抗震系统规划的措施

（1）在城市布局时应考虑抗震因素，用地应避开滑坡、塌陷、断裂带地区，避开软土及液化土层地带。
（2）组织绿楔插入城中，供避震疏散用。
（3）安排疏散路线及疏散空间，居民可就近疏散至公园、运动场地等处。
（4）疏散通道要有足够的宽度，即使两旁建筑物倒塌，也不至于阻断通行。

11.3.3 城市抗震系统规划的相关技术标准

1. 抗震设防烈度

抗震设防烈度应按国家颁发的文件确定，一般情况下可采用基本烈度。地震基本烈度是指一个地区今后一段时期内，在一般场地条件下可能遭遇的最大地震烈度，即《中国地震烈度区划图》规定的烈度。

我国工程建设从地震基本烈度6度开始设防。抗震设防烈度有6、7、8、9、10等级。6度及6度以下的城市一般为非重点抗震防灾城市，但并不是指这些城市不需要考虑抗震问题，6度地震区内的重要城市与国家重点抗震城市和位于7度以上（含7度）地区的城市，都必须考虑城市抗震问题，编制城市抗震防灾规划。

2. 城市用地抗震适宜性评价

城市用地地震破坏及不利地形影响应包括场地液化、地表断错、地质滑坡、震陷及不利地形等。城市用地抗震适宜性评价要求见表11-5。

表11-5 城市用地抗震适宜性评价要求

类别	适宜性地质、地形、地貌描述	城市用地选择抗震防灾要求
适宜	不存在或存在轻微影响的场地地震破坏因素，一般无须采取整治措施 场地确定 无或轻微地震破坏效应 用地抗震防灾类型Ⅰ类或Ⅱ类 无或轻微不利地形影响	应符合国家相关标准要求

续表

类别	适宜性地质、地形、地貌描述	城市用地选择抗震防灾要求
较适宜	存在一定程度的场地地震破坏因素，可采取一些整治措施满足城市建设要求 场地存在不稳定因素 用地抗震防灾类型Ⅲ类或Ⅳ类 软弱土或液化土发育，可能发生中等及以上液化或震陷，可采取抗震措施消除 条状突出的山嘴，高耸孤立的山丘，非岩质的陡坡，河岸和边坡的边缘，场地平面分布有成因、岩性、状态明显不均匀的土层等地质环境条件复杂，存在一定程度的地质灾害危险性	工程建设应考虑不利因素影响，应按照国家相关标准采取必要的工程治理措施，对于重要建筑尚应采取适当的加强措施
有条件适宜	存在难以整治场地、地震破坏因素的潜在危险性区域或其他限制使用条件的用地，由于经济条件限制等各种原因尚未查明或难以查明 存在尚未明确的潜在地震破坏威胁的危险地段 地震次生灾害源可能有严重威胁 存在其他方面对城市用地的限制使用条件	作为工程建设用地时，应查明用地危险程度。属于危险地段时，应按照不适宜用地相应规定执行；危险性较低时，可按照较适宜用地规定执行
不适宜	存在场地地震破坏因素，但通常难以整治 可能发生滑坡、崩塌、地陷、地裂、泥石流等的用地 地震断裂带上可能发生地表错位的部位 其他难以整治和防御的灾害高危影响区	不应作为工程建设用地。基础设施管线工程无法避开时，应采取有效措施减轻地破坏作用，满足工程建设要求

3. 建筑抗震设计标准

建筑根据其重要性确定不同的抗震设计标准。根据建筑的重要性将其分为甲、乙、丙、丁四类建筑：

甲类建筑：有特殊要求的建筑，如遇地震破坏会导致严重后果的建筑等，必须经过国家规定的批准权限批准。

乙类建筑：国家重点抗震城市的生命线工程的建筑。

丙类建筑：甲、乙、丁类以外的建筑。

丁类建筑：次要的建筑，如遇地震破坏不易造成人员伤亡和较大经济损失的建筑等。

各类建筑的抗震设计标准，应符合下列要求：

（1）甲类建筑的抗震设计标准应高于本地区抗震设防烈度的要求。当设防烈度为 6~8 度时应提高一度的要求，当为 9 度时应符合比 9 度抗震设防更高的要求。

（2）乙类建筑的抗震设计标准应符合本地区抗震设防烈度的要求。当设防烈度为 6~8 度时应提高一度的要求，当为 9 度时应符合比 9 度抗震设防更高的要求。对较小的乙类建筑，当其结构改用抗震性能较好的结构类型时，应允许仍按本地区抗震设防烈度的要求采取抗震措施。

（3）丙类建筑的抗震设计标准应符合本地区抗震设防烈度的要求。

（4）丁类建筑一般情况下抗震设计标准应符合本地区抗震设防烈度的要求，抗震措施应允许比本地区抗震设防烈度的要求适当降低，但抗震设防烈度为 6 度时不应降低。

4. 城市抗震减灾规划编制模式

（1）位于地震烈度 7 度及以上地区的大城市编制抗震减灾规划应采用甲类建筑设计标准。

（2）中等城市和位于地震烈度 6 度地区的大城市应不低于乙类建筑设计标准。

（3）其他城市编制城市抗震减灾规划应不低于丙类建筑设计标准。

5. 城市抗震减灾规划工作区标准

（1）甲类建筑设计标准城市规划区内的建成区和近期建设用地应为一类规划工作区。

（2）乙类建筑设计标准城市规划区内的建成区和近期建设用地应不低于二类规划工作区。

（3）丙类建筑设计标准城市规划区内的建成区和近期建设用地应不低于三类规划工作区。

（4）城市的中远期建设用地应不低于四类规划工作区。

11.4　城市人防系统

城市人防系统，全称为城市人民防空袭系统，包括防空袭指挥中心、专业防空设施、人员掩蔽工程、地下建筑、地下通道以及战时所需的地下仓库、水厂、变电站、医院等设施。城市人防设施应在确保其满足安全要求的前提下，尽可能为城市日常活动所使用。城市人防系统的功能是提供战时市民防御空袭、核战争的安全空间和物资供应。

11.4.1　城市人防系统的规划原则

（1）提高人防工程的数量与质量，使之符合防护人口和防护等级要求。

（2）突出人防工程的防护重点，应当选择一批重点防护城市和重点防护目标，提高防护等级，保证重要目标城市与设施的安全。

（3）以就近分散掩蔽代替集中掩蔽，加强对常规武器直接命中的防护，以适应现代战争突发性打击强、精度高的特点。

（4）加强人防工事间的连通，使之更有利于对战时的次生灾害的防御，并便于平战结合和防御其他灾害。

（5）综合利用城市地下设施，将城市地下空间纳入人防工程体系，研究平战功能转换方法措施。

11.4.2　城市人防系统规划的主要内容

重点设防城市要编制地下空间开发利用及人防与城市建设相结合规划，对地下防灾设施、基础工程设施、公共设施、交通设施、储备设施等进行综合规划，统筹安排。

1. 文本内容

（1）城市战略地位概述。

（2）地下空间开发利用和人防工程建设的原则和重点。

（3）城市总体防护布局和人防工程规划布局。

（4）交通、基础设施的防空、防灾规划。

（5）储备设施布局。

2. 图纸内容

（1）城市总体防护规划图、标绘防护分区、疏散区位置、主要疏散道路等。

（2）城市人防工程建设和地下空间开发利用规划图，标绘各类人防工程与城市建设相结合工程位置及范围。

11.4.3　城市人防系统规划的相关技术标准

1. 城市人防工程总面积要求

城市人防规划需要确定人防工程的大致总量规模，才能确定人防设施的布局。预测城市人防工程总量首先需要确定城市战时留城人口数。一般来说，战时留城人口数占城市总人口数的 30%～40%。按人均 1～1.5 m^2 的人防工程面积标准，则可推算出城市所需的人防工程面积。

在居住区规划中，按照有关标准，在成片居住区内应按总建筑面积的 2% 设置人防工程，或按建筑地面总投资的 6% 左右进行安排。居住区的防空地下室战时用途应以居民掩蔽为主，规模较大的居住区的防空地下室项目应尽量配套设施齐全。

2. 专业人防工程的规模标准

防空专业队规模要求见表 11-6。

表 11-6　防空专业队规模要求

项目名称		使用面积/m^2	参考标准
医疗救护工程	中心医院	3 000～3 500	200～300 病床
	急救医院	2 000～2 500	100～150 病床
	救护站	1 000～1 300	10～30 病床
连级专业队工程	救护	600～700	救护车 8～10 台
	消防	1 000～1 200	消防车 8～10 台、小车 1～2 台
	防化	1 500～1 600	大车 15～18 台、小车 8～10 台
	运输	1 800～2000	大车 25～30 台、小车 2～3 台
	通信	800～1 000	大车 6～7 台、小车 2～3 台
	治安	700～800	摩托车 20～30 台、小车 6～7 台
	抢险抢修	1 300～1 500	大车 5～6 台、小车 8～10 台

11.5　城市救灾生命线系统

城市救灾生命线系统由城市急救中心、疏运通道以及给水、供电、燃气、通信等设施组成。城市救灾生命线系统的功能是在发生各种城市灾害时，提供医疗救护、运输以及供电、供水、通信调度等物质条件，是城市的"血液循环系统"。

11.5.1 城市救灾生命线系统规划的措施

城市救灾生命线系统规划的措施包括：

（1）提高设施和管线的设防标准。

（2）强化生命线系统设施的地下化。

（3）设施和管线节点的防灾处理。

（4）提高设施的备用率。

11.5.2 城市救灾生命线系统规划的资料

城市救灾生命线系统规划的资料包括：

（1）现有与城市规划的道路、供电、燃气、供水、通信等设施与管线的分布，尤其是地下交通通道、地下发电厂、地下变电所、地下水厂、地下通信中心等设施分布、规模、容量和安全措施。

（2）城市急救中心、中心血站、中心医院的分布、规模等状况。

（3）城市综合防灾指挥机构等情况。

第 12 章

分期规划

12.1 分期规划基本认识

中心城区是城市发展的核心区域，包括城市建设用地和近郊地区。中心城区规划的编制要从城市整体发展的角度，在综合确定城市发展目标和发展战略的基础上，统筹安排城市各项建设。在以下几个方面体现城市规划工作的特点：

首先，要体现城市规划对中心城区建设和发展所具有的引导和控制功能，既要从发展需求的角度合理安排城市的功能和布局，又要处理好保护和发展的关系问题，对各类资源和环境实施有效保护和空间管制，以强制性规定加以明确。

其次，在提高中心城区发展效率的同时，要充分关注社会的公共利益，在居住、交通及公益性公共服务和基础设施配置等方面体现城市规划的公共属性。

最后，要处理好前瞻性和操作性的关系，既要从长远角度提出中心城区发展的重点和方向，又要从规划实施和控制角度，明确规划管理的标准和任务，为保证规划落实提供证据。

城市建设是一个漫长而复杂的过程，需要逐步发展，分期实施逐渐完善，最终才能完成规划制定的目标。需要分阶段实施，并根据上阶段目标建设情况等各方面因素确定下阶段的方向和目标、策略等，具体一般可分为四个阶段：近期、中期、远期、远景发展战略。每个阶段相互联系，彼此促进，有利于城市总体规划目标的实现和城市的可持续发展。

12.1.1 近期建设规划

12.1.1.1 近期建设规划的定位、基本任务、编制原则、期限和内容

1. 近期建设规划的定位的基本任务

（1）近期建设规划的定位。城市总体规划是考虑较长时期城市的发展预测和设想，由于其规划期限较长和含有许多不定因素，许多建设项目不可能预测得很准确，因此远期规划主要是确定城市发展的大轮廓和大控制要素，不可能有过细的要求。

近期建设规划是城市总体规划的重要组成部分，是城市近期建设项目的安排依据，是落实城市总体规划的重要步骤，是实施总体规划的阶段性规划。所以，近期建设规划是近期城市各项建设的战略部署，它是在城市总体规划指导下的近期实施规划，其规划期限较短，因此有可能较准确地预见到建设项目，可以做出较细的综合规划设计以指导近期建设。

（2）近期建设规划的基本任务。

①明确近期内实施城市总体规划的发展重点和建设时序。

②确定城市近期发展方向、规模和空间布局、自然遗产与历史文化遗产保护措施。

③提出城市重要基础设施和公共设施、城市生态环境建设安排的意见。

④设市城市的城市规划由人民政府负责组织制定近期建设规划。

2. 近期建设规划的编制原则

（1）处理好近期建设与长远发展，经济发展与资源环境条件的关系，注重生态环境与历史文化遗产的保护，实施可持续发展战略。

（2）与城市国民经济和社会发展计划相协调，符合资源、环境、财力的实际条件，并能适应市场经济发展的要求。

（3）坚持为广大人民群众服务，维护公共利益，完善城市综合服务功能，改善人居环境。

（4）严格依据城市总体规划，不得违背总体规划的强制性内容。

3. 近期建设规划的期限

近期建设规划的期限一般为五年，原则上与国民经济和社会发展计划的年限一致。城市人民政府依据近期建设规划，可以制定年度的规划实施方案，并组织实施。

4. 近期建设规划的内容

近期建设规划编制的核心内容可以从以下几个方面展开：

（1）制定建设近期目标。依据城市总体规划、社会经济发展计划和国家城市发展的方针政策，合理制定城市建设的近期目标。近期目标是政府工作的行动纲领，同时也是评价近期规划实施情况最直接的依据。

（2）预测近期发展规模。提出近期内城市人口及建设用地发展规模。

（3）调整和优化用地结构。调整和优化用地结构，确定城市建设用地的发展方向、空间布局和功能分区。

①提出近期内城市和功能分区用地结构的调整重点，将城市用地结构调整与经济结构调整升级结合起来，合理安排各类城市建设用地。

②综合部署近期建设规划确定的各类项目用地，重点安排城市基础设施、公共服务设施、经济适用房、危旧房改造等公益性用地。

（4）确定近期建设重点及建设时序。依据城市建设近期目标，进一步确定近期城市建设重点及建设时序。对建设开发时序的调控主要是经过对土地资源、基础设施及服务条件的充分分析，结合本地区的经济发展预测，在总体规划的框架内划定各阶段城市开发建设的范围。

（5）提出重要设施的建设安排。根据城市建设近期目标，确定近期建设的重要市政基础设施和公共服务设施项目选址、规模等主要内容，同时提出投资估算与实施时序。

①确定近期内将要形成的对外交通系统布局以及将开工建设的车站、港口、机场等主要

交通设施的规模和位置。

②确定近期内将要形成的城市道路交通综合网络以及将开工建设的城市主、次干道的走向、断面，主要交叉口形式，主要广场、停车场的位置和容量。

③综合协调并确定近期城市供水、排水、防洪、供电、通信、消防等设施的发展目标和总体布局，确定将开工建设的重要设施的位置和用地范围。

④确定近期将要建设的公益性文化、教育、体育等公共服务设施等。

（6）制定近期建设项目的投资计划和投资估算。近期建设规划应与城市经济能力、财力等实际情况相结合，合理制定建设规模、速度及总投入，重点、及时解决关系广大市民生产生活的热点问题，努力提高城市建设投资的社会效益。

12.1.1.2　近期建设规划的编制步骤和方法

城市近期建设规划和远期规划在内容和方法上基本一致。它在调查研究的基础上，分析现状的主要矛盾和次要矛盾，在远期规划原则和规划目标的指导下，根据近期的需要和可能，确定近期建设规划的目标和规模，综合安排近期建设用地和配套设施，估算和平衡城市近期建设总投资。

1. 确定近期建设规划目标

以国民经济和社会发展五年计划为依据，在调查分析现状矛盾的基础上，提出近期建设的目标和任务，确定近期建设的主要项目。如在西安市总体规划（2004—2020 年）中近期建设规划的目标是到 2010 年，通过五年多的建设，提升西安市综合实力和整体功能，全面实现"三步走"战略目标。在全面建设小康社会的基础上，逐步将西安市建设成为具有历史文化特色的现代城市。确立了两个方面的规划目标：

（1）经济发展预期目标。到 2010 年，确保经济年平均增长率为 13%，人均国民生产总值突破 3 500 美元，城镇化水平达到 71%。

（2）社会发展目标。加快发展，保持经济的快速增长。坚持以发展为主，以经济建设为中心，紧紧抓住西部大开发的历史机遇，解放思想，开拓创新，以西部大开发带动改革开放和现代化建设各项事业加快发展。继续保持高于全国和全省的平均发展速度，努力提升城市的综合经济实力，缩小与先进城市的差距。

2. 制定近期规划发展规模

制定近期规划发展规模即制定近期人口和用地的发展规模。

由于近期建设规划拟定的建设项目和规模一般比较具体，对需要增加的用地规模和职工人数相对地能得到比较确切的数字，对近期建设各项技术经济指标确定的依据也比较充分，因此，近期建设规划的人口规模推算和用地规模估算，要比远期规划具体和切实。

3. 确定近期建设时序

建设时序是指按一定先后次序对城市进行合理的分期建设开发。

城市建设过程漫长而复杂，需要合理地分步实施，按时序建设，才能有效解决总体规划分阶段发展的问题。

如在西安市总体规划（2004—2020 年）中，分为近期（2004—2010 年）、远期（2011—2020 年）、远景（2020 年以后）。总体规划在充分研究西安的城市特色后对城市性质做了重新定位，即西安是世界闻名的历史文化古都、旅游名城；中国重要的教育、科研、装备制造业、高新技术产业基地和交通枢纽城市；新欧亚大陆桥中国段和中西部的主城区；

陕西省省会。今后，西安将建设成古代文明与现代文明交相辉映，老城区与新城区各展风采，人文资源与生态资源相互依托的国际性现代化大城市。

4. 近期建设规划的布局

近期建设规划的布局既要与远期规划结构和布局结合，保持一致性，又要根据近期建设规划特点进行合理布局。近期建设规划的布局特点，可以归纳为相对完整性、延续性、过渡性三个方面。

（1）相对完整性。城市的发展过程是按照远期规划的结构和布局分阶段实现的，但各阶段又有自身相对完整性，各个阶段的相对完整性与远期规划结构和布局的完整性保持一致，这是城市自身发展过程的辩证关系。

在近期建设规划的布局中，一般情况是在现状基础上由内向外、由近及远地发展。这样的城市结构布局集中紧凑，容易取得相对的完整性。

图 12-1 是在旧城基础上集中于河流一侧发展。根据发展用地的不同性质和要求组成一两个组团，组团内生产、生活用地综合配套布置。这种布局方式既考虑了发展用地的不同性质要求，又考虑了集中紧凑的发展，同时也保持了城市结构和布局的相对完整性。

（2）延续性。城市不会一蹴而就地形成，而是需要一个较长时期的发展过程。城市在每个发展阶段，既要保持相对的完整性，又要考虑今后发展的需求，保证城市结构布局在不同发展阶段承上启下的延续。

图 12-2 是在图 12-1 的基础上，在河流的另一侧又发展了两个组团，组团内生产、生活用地综合配套布置。这种发展方式保证了城市在一定程度上紧凑地发展，又延续了原有的城市结构。

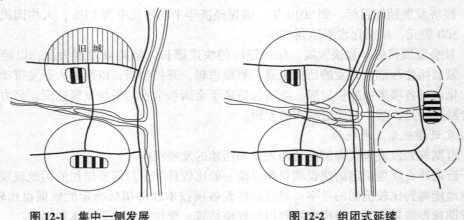

图 12-1　集中一侧发展　　　　　　　　　图 12-2　组团式延续

延续性不仅体现在城市结构布局上，还体现在市政设施的配置上。以道路为例，城市道路既要考虑不同发展阶段纵向的延伸，也要注意在道路横断面上留有发展余地，道路横断面宽度要按照规划红线尺寸一次留足，横断面形式可随不同时期的交通发展和投资情况逐步形成。其他像给排水等地下管网也有类同情况。

（3）过渡性。城市近期建设，由于受建设资金所限，或拆迁等因素的制约，而不能按照远期规划意图实现的则采取过渡性措施，如图 12-3 所示。例如，某城生活居住区内的有害工业在近期有一定规模的扩展任务，在这种情况下，扩建部分应按照规划在生活居住区外新工业内建设，原厂址在条件具备时再逐步搬迁。也有的在生活居住区内的有害工业在近期限于资金不能搬迁，而扩建的规模不大，要求在原址就地而建，在这种情况下，处理要慎重，一般仅允许在原址建简易厂房，做过渡性处理，而不能建永久性厂房，否则会使其成为长期"钉子户"。

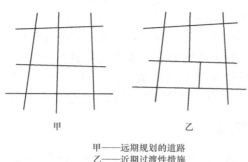

甲
乙

甲——远期规划的道路
乙——近期过渡性措施

图 12-3　道路系统的过渡性

经济条件有限的小城镇排水管网规划，常采取远期分流制、近期合流制的过渡方式。这是由于近期投资有限，不可能实现雨污分流系统，一般近期雨污合流排放，待远期再分别埋设管道，做到雨污分流排放。

5. 近期建设重点与项目

近期建设项目包括生产性建设项目和非生产性建设项目。生产性建设项目包括工业企业、对外交通、仓库等，非生产性建设项目主要是城市建设方面项目，包括住宅、公共建筑、道路等。由于近期建设项目建立在需要和可能基础上，从而保证了整个城市建设的协调发展。

明确地提出了近期奋斗方向，近期建设的主要项目也就容易确定了。

6. 近期建设规划图纸和用地平衡表

城镇近期建设规划图是城镇总体规划图纸的重要组成部分。图纸比例一般以 1∶10 000 或 1∶5 000 为宜，最好与远期规划图比例相同。图纸的表达方式一般有两种：

其一，仅标出近期建设项目的内容和使用的性质，这种表达方式很鲜明，突出了近期建设项目，但未标出城市现状，缺乏成熟建设期限内城市的整体感。

其二，图中标出近期建设和现状，这样既突出表示了近期建设项目和用地性质，又反映城市达到近期建设规划期限时城市发展的总体轮廓。

在确定城市近期发展规模时，已对城市近期用地指标进行了初步分析研究，并提出城市近期各项用地的数量，但属于概算性质，仅在规划布局时使用。当规划布局告一段落以后，要对各项用地进行统计和核实，校正预测用地指标，并在规划布局方案上进行修正，最后在此基础上完成城市近期建设规划用地平衡表。

12.1.1.3　近期建设规划的编制成果

2006 年版《城市规划编制办法》第 37 条规定："近期建设规划的成果应当包括规划文本、图纸，以及包括相应说明的附件，在规划文本当中应当明确表达规划的强制性内容。"

12.1.2 中期建设规划

中期建设规划是在总体规划指导下的，根据近期建设规划实施情况而实施的规划，其规划期限与近期建设规划一样较短，因此有可能较准确地预见到建设项目，可以做出较细的综合规划设计以指导中期建设。其意义在于可根据上阶段近期建设规划的实施情况，进行调整，确保整体方向和步调不偏离，是近期建设规划到实现远期建设规划，乃至实现总体规划目标的过渡阶段，是对中心城区规划的进一步优化和加强。中期建设规划的基本任务、核心内容、编制步骤和方法、总体布局上是类似的，它是一个动态变化的过程，不是一成不变的，其时间较短，一般为 4~6 年，在规划实施过程中主要起过渡连接作用。

12.1.3 远期建设规划

远期建设规划是在保持城市总体规划目标和方向、任务、原则一致的情况下，进行中心城区宏观目标的制定，确保最终实现中心城区规划的目标。相比较于前两阶段其目标较为宏观，相比于总体规划而又较为具体些。与中期建设规划的基本任务、核心内容、编制步骤和方法、总体布局上是类似的，它是一个动态变化的过程，不是一成不变的，其时间较短，主要起过渡连接作用。

12.1.4 远景发展战略

由于城市发展与经营逐步以市场机制作用为主，不确定因素大大增加，城市的发展难以得到完整和确定性的预测，因此对 20 年规划期以后的城市发展做出具体的空间安排和长期有效的战略选择，具有一定的困难和挑战性。远景发展战略是研究中心城区发展门槛及合理布局结构，把控宏观角度下的城市未来发展，对其发展规模和方向，以及远景空间结构和布局等进行总体的定位和确定。它是对城市的远景发展做出策略性思考和方向性选择，为今后的城市总体规划修编工作提供借鉴和参考，从而保证城市总体规划实施管理在区域空间架构上具有连续性。

12.2 案例实践

案例：眉山市现代工业新城总体规划（2012—2030 年）

1. 分期建设

分期建设目标见表 12-1。

表 12-1 分期建设目标

	新增建设用地 33.75 km²
近期（2012—2015 年）： 快速启动 重点突破	以天府新区彭山经开区（青龙）为引擎，以眉山经开区、金象化工产业园区、铝硅产业园区为重点，基础设施先行，高技术产业、节能环保和战略新型材料及现代物流快速推进；重点打造工业新城总部商务核心区（起步区），提升生产服务优势，初步建成产业高端服务功能集聚区，引领工业新城又好又快发展

续表

	新增建设用地 33.75 km²
近期（2012—2015 年）：快速启动 重点突破	以天府新区彭山经开区（青龙）为引擎，以眉山经开区、金象化工产业园区、铝硅产业园区为重点，基础设施先行，高技术产业、节能环保和战略新型材料及现代物流快速推进；重点打造工业新城总部商务核心区（起步区），提升生产服务优势，初步建成产业高端服务功能集聚区，引领工业新城又好又快发展
	新增建设用地 30.13 km²
中期（2016—2020 年）：全面推进 形成框架	充分利用天府新区高速公路、铁路、快速路等区域性交通枢纽和交通设施的接入，围绕枢纽强化工业新城高端产业生产性服务职能，拉开发展框架，现代产业旗舰基本形成，实现再造"产业眉山"目标
	新增建设用地 65.35 km²
远期（2021—2030）：优化提升 持续发展	强化高端服务、科技创新、文化交往、景观创意功能，推动产业升级和品质提升，全面完成区内各项建设，建成"产城一体、文城一体、景城一体"的现代产业新城

2. 规划指导思想

坚持现代产业、现代基础设施、现代城市"三位一体"，产业高端切入基础设施建设适度超前，以产兴城，以城促产，加快推进"两化互动、产城一体，三化联动、城乡统筹"，将眉山市现代工业新城建设成竞争力在全省一流、影响力在全国一流的工业发展高地、现代产业新城和两化互动示范区。

3. 规划期限与建设规模

本次近期规划的期限为 2012—2015 年。近期建设规模见表 12-2。

表 12-2　近期建设规模　　　　　　　　　　　　　　　　km²

产城片区	现状建设用地	近期建设总用地	产业用地	居住及公共服务用地
青龙公义产城片区	7.78	15.95	11.96	2.63
谢家义和产城片区	0.85	6.12	4.59	0.53
尚义象耳产城片区	6.71	17.16	10.30	5.14
修文崇仁产城片区	6.13	15.99	11.99	2.35
合计	21.47	55.22	38.84	10.65

4. 分片区布局范例——尚义象耳产城片区

（1）眉山经开区新区。

范围：东至成昆铁路、西至成眉快速路、南至醴泉河，北至规划成康铁路。

规模：规划建设用地 34.62km²，人口 18.73 万人。

用地布局：依托一、二号路向北拓展，在人民村、顺河村、七里坝、苟槽坝等区域形成五个产业组团；结合悦兴镇、尚义镇，扩大规模形成两大生活居住配套区。

道路交通：内部主干路包括一、二、五、六号路，蒲仁路，尚太路，省道 106，强化与南部金象、东部眉山主城区交通联系；近期在省道 106 与成眉快速路交汇处布置仓储物流用地，从金象铁路专线引入物流支线，与金象化工产业园区物流整合；中远期待成康铁路建成后，在成康铁路南侧、蒲仁路两侧建设悦兴北综合物流基地。

公共设施：依托一、二、五、六号路，在醴泉河以北打造新城总部商务区的北区，在尚义、悦兴规划居住区级公共中心两处；在工业区规划产业单元级公共设施六处。

绿地系统：依托醴泉河打造湿地公园；工业区内部设置公园绿地四处；加强成乐高速、成昆铁路两侧防护隔离带建设，减少对眉山主城区的影响。

（2）金象化工产业园区。

范围：东至成昆铁路、西至成眉快速路、北至醴泉河、南至规划万仁路。

规模：规划建设用地 16.10 平方公里，人口 6.40 万人。

用地布局：结合象耳场镇、白马场镇形成园区东西两个生活居住配套区；在园区西、南部，生活居住区的下风向形成多个产业组团。

道路交通：内部主干路包括金象大道、金象北路、金象南路、象耳大道、象耳西一路、象耳西二路，强化与北部经开区、东部眉山主城区交通联系；依托拟建铁路专线，在金象大道南侧、象耳场以西布置仓储物流用地，建设金象物流园。

公共设施：在醴泉河以南打造新城总部商务区的南区，在象耳场、白马场规划居住区级公共中心两处；在物流园规划产业单元级公共设施一处。

绿地系统：依托醴泉河打造湿地公园；工业区内部设置公园绿地一处；居住区与产业组团之间控制至少 100 m 的生态防护隔离。

5. 发展方向与建设策略

（1）发展方向。

规划区 7 个产城单元各自形成 1 个支柱产业，并配套相关产业。

天府新区彭山经开区（青龙）主业：以新能源、新材料、现代物流为主导；天府新区彭山经开区新区（公义）主业：以节能环保、农副产品深加工为主导；成眉石化产业园区主业：以高端油气化工为主导；眉山经开区新区主业：以生物医药、电子信息和现代物流为主导；金象化工产业园区主业：以天然气精细化工为主导；铝硅产业园区主业：以冶金新材料为主导；眉山机械产业园区主业：以机械装备为主导。

（2）建设策略。

1）交通对接。区域性铁路干线：成昆、成康；高铁：成绵乐城际铁路；地铁：天府 TF6 号线、天府 TF2 号南延线、天府 TF5 号线南延线；高速公路：成乐宜；快速干道：彭三快速、103 线、成眉快速路、岷江东快速路，形成"十箭齐发"的快速交通网络。

2）产业对接。以天府新区成眉战略新兴产业功能区为依托，发展战略性新兴产业，形成一园一主业的七大产城单元，与天府新区共同建成具有国际竞争力的产业和城市集聚带。

①依托主城，功能互补。强化主城区综合服务支撑，产业园区主要集聚为产业服务的公共职能。

②产城一体，融合发展。建立"产城单元"模式，在单元内部根据产业要求配套相对完整的基本功能，根据产业类型和对环境影响的不同程度、对劳动就业要求、安置要求，配置居住人口。

③产业主导，强化支撑。明确每个产城单元 1 到 2 个支柱产业，并有相关配套产业，形成产业链；产城单元之间、与眉山、彭山主城区之间至少要有 2 条便捷的快速交通道路；基础设施要共建共享。

④城乡统筹，组团发展。建设用地与非建设用地统一规划，建立城乡一体的产业布局和

交通格局，统筹安排城乡公共服务和市政基础设施；保护生态隔离空间，增强产城单元自然净化能力。

6. 近期建设重点

（1）集聚高端服务功能。加快总部商务核心区主体功能建设，启动创新发展模式示范区；启动铝硅产业园甘眉合作区建设，推进飞地园区合作。

（2）落实重大产业项目。优化提升新能源、新材料、生物制药、机械装备、天然气精细化工、现代物流等产业项目，快速启动电子信息、石油精细化工、科技农业等产业项目。

（3）构建现代高效的支撑网络。尽快启动建设成眉快速路、园区联络主干道等骨干道路系统以及水电基础设施，尽快促成成康铁路、成都第三绕城、彭三快速路、雅眉资遂铁路等区域性骨干线在眉山地区落地建设。

（4）构建完善的生态系统。以庙儿山为重点，提升工业新城的生态净化功能；完善园区之间绿楔的生态保育功能；保护和优化醴泉河、象耳河、思蒙河等河流两侧绿廊；同时启动成乐高速、成昆铁路园区段防护隔离带的建设。

选择眉山经开区新区与金象化工产业园区之间的醴泉河两侧，建设工业新城总部商务核心区，安排综合管理、研发孵化、培训教育、会展博览、总部办公等为产业服务的高端服务设施，建设用地规模约 4 km²。其中，核心区北区位于眉山经开区新区，其建设用地规模约 2.5 km²；核心区南区位于金象化工产业园区，其建设用地规模约 1.5 km²。

参考文献

[1] 王勇. 城市总体规划设计课程指导 [M]. 南京：东南大学出版社，2011.

[2] 董光器. 城市总体规划 [M]. 2版. 南京：东南大学出版社，2007.

[3] 李王鸣. 城市总体规划实施评价研究 [M]. 杭州：浙江大学出版社，2007.

[4] 戴慎志. 城市工程系统规划 [M]. 2版. 北京：中国建筑工业出版社，2008.

[5] 徐循初. 城市道路与交通规划 [M]. 北京：中国建筑工业出版社，2007.

[6] 黄建中，王新哲. 城市道路交通设施规划手册 [M]. 北京：中国建筑工业出版社，2011.

[7] 刘贵利，詹雪红，严奉天. 中小城市总体规划解析 [M]. 南京：东南大学出版社，2005.

[8] 吴志强，李德华. 城市规划原理 [M]. 4版. 北京：中国建筑工业出版社，2010.

[9] 胡莉华，王珺. 城市规划常用资料速查 [M]. 2版. 北京：化学工业出版社，2016.

[10] 谭纵波. 城市规划（修订版）[M]. 北京：清华大学出版社，2016.

[11] 中国城市规划设计研究院. 中国城市规划设计研究院六十周年成果集——规划设计·工程设计 [M]. 北京：中国建筑工业出版社，2014.

[12] 杨俊宴. 城市中心区规划理论设计与方法 [M]. 南京：东南大学出版社，2013.

[13] 中华人民共和国建设部. CJJ/T 97—2003 城市规划制图标准 [S]. 北京：中国建筑工业出版社，2003.

[14] 周一星. 城市规划寻路：周一星评论集 [M]. 北京：商务印书馆，2013.

[15] 全国城市规划执业制度管理委员会. 注册城市规划师考试教材 [M]. 北京：中国计划出版社，2011.